水果与面包的
百种灵感搭配

今天又想吃
三明治了！

果実とパンの組み立て方
フルーツサンドの探求と
料理・デザートへの応用

〔日〕永田唯　著

于蓉蓉　译

中信出版集团｜北京

图书在版编目（CIP）数据

今天又想吃三明治了！. 水果与面包的百种灵感搭配 /
（日）永田唯著；于蓉蓉译 . -- 北京：中信出版社，
2022.9（2024.10重印）

ISBN 978-7-5217-4688-4

Ⅰ . ①今… Ⅱ . ①永… ②于… Ⅲ . ①面包－制作
Ⅳ . ① I712.85

中国版本图书馆 CIP 数据核字 (2022) 第 157827 号

KAJITSU TO PAN NO KUMITATEKATA
FRUITS-SANDO NO TANKYU TO RYORI DESSERT E NO OYO
Copyright @ 2019, Yui Nagata
Chinese translation rights in simplified characters arranged with
Seibundo Shinkosha Publishing Co., Ltd. through Japan UNI Agency, Inc., Tokyo
本书仅限中国大陆地区发行销售

烹饪助理　　坂本咏子、桐生惠奈
摄影　　　　高杉纯
设计·装帧　那须彩子（莓デザイン）
编辑　　　　矢口晴美

今天又想吃三明治了！：水果与面包的百种灵感搭配

著者：　　[日] 永田唯
译者：　　于蓉蓉
出版发行：中信出版集团股份有限公司
　　　　　（北京市朝阳区东三环北路27号嘉铭中心　邮编　100020）
承印者：　北京启航东方印刷有限公司

开本：787mm×1092mm　1/16　　印张：12　　字数：200千字
版次：2022年9月第1版　　　　　印次：2024年10月第4次印刷
京权图字：01-2021-0136　　　　　书号：ISBN 978-7-5217-4688-4
定价：88.00 元

前言

不论是组合、切割三明治，还是做给别人品尝，
在我做过的各种三明治里，
最让我乐在其中，
并且让这种快乐荡漾在我周围的就是"水果三明治"。

经典的水果三明治是日本特有的。
因为我觉得日本制作的面包，
才能制作出如此美味的三明治。

只需面包、奶油和时令水果。
正是因为食材简单，所以只要搭配平衡，
三明治的味道就能变化多样。

水果的个性一眼就能看出来，三明治制作完成后视觉效果也十分不错。
首先，按食谱上的量挤上奶油，然后如书中所示排列水果，
完成后的三明治会给人留下深刻的印象。

本书不仅尝试了新鲜水果和面包的组合，而且尝试将水果制成果酱或蜜饯，
同时尝试使用干果或坚果，
以及将其与菜肴和奶酪结合起来，
探索水果和面包如何搭配更美味。

本书献给所有喜欢水果和面包的人。

希望读者在享受时令风味的同时，能够挑战一下制作属于自己的独特三明治。

永田唯

01 和面包很搭的水果

02 面包夹水果

阅读本书前的小贴士

·本书中提到的经典三明治名称是通用名称

·计量单位中的1大匙是15毫升，1小匙是5毫升

01

和面包很搭的
水果

水果的 种类

水果是多年生草本植物和树木上生长的可食用果实，哈密瓜等一年生植物的果实，被称为"水果蔬菜"或"果菜"。在本书中，除坚果以外的"水果"和"果菜"都被看作水果。

甘王

日本福冈县的原始品种，以日文里"红、圆、大、美味"的首字母（amou）命名。果实又大又甜，因为果肉中心部位也是红色的，所以用来做三明治时，横截面非常好看。

红颜

果实大，甜味浓郁，酸味深沉，香气浓烈，果肉坚硬，保质期长，十分适合用来做三明治。因为有酸味，所以用来做果酱也不错。这是日本静冈县的品种。

栃乙女

日本栃木县的原始品种，约占栃木县草莓产量的90%。而栃木县是全日本草莓产量最高、流通量最大的县。果实甜度高，酸度适中，保质期长。

天莓（Sky Berry）

继栃乙女之后被开发出来，是人气逐渐蹿高的高级品种。果实是普通草莓的3~4倍大，香气浓烈，甜酸平衡得好。

佐贺清香

由名字可知，原产于日本佐贺县。果实大，果皮为鲜红色，果肉和果实中心部分为白色。含糖量高，酸味弱，果肉紧实，保质期长。

美国产草莓

在国产草莓难以供应的6~11月，日本一般会进口美国产的草莓，此时后者就十分重要。和日本国产草莓相比，美国产草莓酸度更高、果肉更紧实。如果将美国产草莓的果蒂和果芯的坚硬部分一起去除，就更方便食用了。

覆盆子

果实为鲜红色，具有清新迷人的香气和酸甜可口的味道，属于木莓的一种，是由小颗粒聚集而成的果实。英文名为raspberry，法语名为framboise。覆盆子很容易被碰伤，所以采摘、搬运时要小心。

蓝莓

酸甜适中，果实小而可口。因为日本国产蓝莓产量逐年增加，所以夏季时很多。制作三明治时，一般使用大粒蓝莓。

川中岛白桃

日本长野县的品种，甜味很强，果实个头大，果肉紧实。果肉为白色，不过果核周围的果肉是红色的。用于制作三明治时，可以将白色的果肉和果核中心红色的果肉搭配起来使用。

黄桃

果肉呈深黄色，甜味强，味道浓郁。果肉紧实，适合制作蜜饯。黄桃罐头很便宜，很容易买到。

红布林（李子）

美国产的中熟品种，绿色的果皮下是鲜红的果肉，吃起来甘甜多汁。果实水分多，加工成果酱后可以用于制作普通三明治或法式开放三明治。

太阳（李子）

日本山梨县的晚熟品种。大粒果，甘甜可口。果皮为明亮的紫色，而果实为乳白色。果肉紧实，将果实烘烤后更美味，可以放入肉类菜肴或沙拉中食用，也可以放在面包或烤面包片上食用。

秋姬（李子）

日本山梨县的晚熟品种。大粒果，酸度适中，甘甜清爽。果皮为红紫色，果肉为黄色。不同品种的种植时期也会错开，所以从初夏到秋天都可以享受秋姬的果实。

西梅

欧洲李子的一种。现在不仅有进口的西梅干，在夏季到秋季还有日本产的西梅。果实酸甜多汁，可以连皮一起吃，做成果酱也很美味。

杏

日本自古就种植杏树，杏仁还可以入药。杏的采摘季节比较短，所以很少能在市面上看到新鲜的杏。杏非常适合加工，做成果酱或蜜饯时，酸甜可口。

桝井（无花果）

日本最常见的无花果品种之一。由于可以收获夏秋两季，因此桝井的流通时间和保质期都比较长。果实的特点是清甜多汁，富含水溶性膳食纤维——果胶，也适合做成果酱。

加州黑（无花果）

美国加利福尼亚州产的黑色无花果。果实颗粒小，果肉比日本产无花果坚硬紧实，保质期长。果实口感黏稠、甘甜清淡，适合加工成果干、果酱或蜜饯。

佛罗伦萨（白无花果）

尽管在日本不太常见，但有许多原产于欧洲的品种在日本被栽培。白无花果即使成熟也不会变色，还保持着黄绿色的果皮，不过果肉会像黑无花果一样变成红色。

阳光玫瑰

果粒大，果实甘甜可口，并且有浓郁的麝香味。果皮薄，可以连皮一起食用，十分受欢迎，所以产量不断增加。果实为明亮的绿色，十分漂亮，是最近流行的水果沙拉的食材之一。

濑户甲子

日本冈山县特产的葡萄，形状独特，像个圆桃子，也被称为"桃太郎葡萄"。果粒大、甘甜多汁。果皮薄，可以连皮一起吃掉，甘脆的口感令人心旷神怡。

特拉华

果粒小、甘甜无籽，十分可口。近年来，由于受到大粒葡萄的冲击，特拉华的产量不断下降，不过它在日本仍然是种植数量很大的葡萄品种。大小适合自制葡萄干。

长野珍珠

日本长野县的原始品种，果粒大，清甜皮薄，没有涩味，可以连皮一起食用。近年来，长野珍珠越来越受欢迎。

紫苑

粒大，甘甜且多汁。无籽，很方便吃。紫苑一般在大多数葡萄的采摘旺季结束后，也就是10~12月开始销售，所以也被称为"冬季葡萄"。

进口葡萄

近年来，日本进口葡萄的流通量增加，基本全年都可以吃上葡萄。从左边开始依次是：甜蓝宝石、汤普森、红手套。这3种葡萄都可以带皮吃，十分受欢迎。

温州蜜柑

具有代表性的日本品种。因为容易剥皮，所以在日本以外也十分受欢迎。甘甜可口，富含水分。因为皮薄无籽，所以夹在三明治里吃也很可口。

甘夏

正式的名字是"川野夏橙"，在日本大分县的果园中培育而成，比夏橙甜，而且少酸，十分可口。后味清爽，略带苦味。本书使用的是糖渍甘夏罐头。

水晶柚子

大个儿柑橘，果皮厚。果肉清爽甘甜，吃起来有果粒感，口感十分好。厚果皮可以做成日式砂糖煮或橘皮酱。

瓦伦西亚柑橘

遍及全球的甜橙代表品种。口感多汁，酸度适中，清爽甘甜。果肉、果皮都能进行加工。

柠檬

味道很酸，香气清爽，在世界各地广泛用于制作料理和糕点。进口柠檬占据日本主流市场，不过，近年来日本产柠檬也越来越多。许多日本产柠檬在果皮还是绿色时就采摘了，所以日本市面上的柠檬多为绿果皮。

酸橙

日本市场上的酸橙多为墨西哥产。果皮为浅绿色。酸橙有像柠檬一样清爽的酸味和苦味，并具有独特的香气。果皮的气味也很好，可以擦成碎使用。

猕猴桃

原产于中国，经新西兰改良后已经遍及全球。进口猕猴桃基本占据日本市场，不过日本产猕猴桃也在增产。猕猴桃明亮的绿色令人赏心悦目，口感甜酸适中。

红秀峰樱桃

是日本国产樱桃的代表品种"佐藤锦"的晚熟杂交品种。红秀峰比佐藤锦果粒大，甜度更高，夹在三明治中十分惊艳。果肉坚硬，果实保质期长。

车厘子

比日本产樱桃大，甘甜浓厚、香气浓郁。果皮为黑紫色，果肉为红色，吃起来很脆，可以做成车厘子蜜饯。

红玉

苹果是人类食用的最古老的水果，在世界各地有各种各样的品种。红玉酸味强、果肉紧实，非常适合进行加工，在糕点业里非常受欢迎。

红金

由金冠和红玉杂交而成，甜酸平衡得好。果皮鲜红，十分美丽，很适合用于制作三明治。果肉紧实，适合加热食用。

信农金

由黄苹果的代表品种"金冠"和"千秋"杂交而成，是日本长野县的中熟品种。果实甜度高，酸味适中，香气清爽，口感脆甜。

丰水（日本梨）

日本产量最大的国产梨是"幸水"，其次是"丰水"。丰水是中熟品种，是大果型赤梨。果实甘甜多汁，果肉松软清爽。

拉法兰西（洋梨）

原产于法国的晚熟品种。完全成熟后，甜度会更高。其特征为浓郁的香气，入口即化。果实小，易于处理。不仅适合生食，而且可以加工成蜜饯或果酱。

平核无（柿）

原产于日本新潟县的无籽柿子，属于涩柿，去除涩味后即可销售。没有籽，是非常方便入口的品种。口感甘脆，不过随着果实变成熟，果肉会变软。

阿露斯网纹哈密瓜（绿果肉）

果皮表面有网纹，是高级品种Earl's Favorite（一种网纹哈密瓜）的改良品种。香气浓郁、甘甜可口。作为三明治食材时，一定要选择没有熟透的哈密瓜。

RUPIA RED（红果肉）

果肉为鲜亮的橙色，富含β-胡萝卜素。和脆甜的绿果肉哈密瓜不同，红果肉哈密瓜更加甘甜浓郁、香气四溢，更适合和生火腿搭配使用。

牛油果

被称为"森林黄油"，被吉尼斯世界纪录认定为最有营养价值的水果。其特征为口感丝滑、颜色鲜艳，非常适合作为三明治的食材。

菠萝

菠萝甘甜多汁、甜香浓郁。菠萝芯有很多纤维，所以很硬，不过也有芯柔软的菠萝。日本市场上基本是进口菠萝，一年四季都能吃到菠萝。

香蕉

香蕉一年四季供应稳定，价格亲民。日本总务省统计局的家庭调查显示，日本家庭食用水果中，香蕉的消费量居首位。香蕉吃起来口感黏糊糊的，但十分甜，食用十分方便。

小米蕉

长7~9厘米，每根大约50克，吃起来很方便。果肉柔软且甘甜，比一般香蕉贵，不过尺寸正好适合制作三明治。

欧文杧（杧果）

在日本广泛种植的流行品种，也被称为"苹果杧果"。果实大，呈椭圆形，甘甜浓郁，入口即化。

肯特杧（杧果）

原产于墨西哥，成熟后会变红，属于"苹果杧果"的一种。纤维少，口感绵滑，浓郁的甜味中略带酸味。

象牙杧（杧果）

原产于泰国，果皮、果肉都为黄色，又被称为"黄金杧"。果实含糖量高，甘甜浓郁，口感丝滑。

写在用水果做三明治之前

虽然都是水果，不过它们的口味和口感不同。是带皮吃还是剥皮吃，是生食还是加工之后吃？另外，根据水果是否有籽，切的方式也不同。也有像杧果这种如果不知道种子形状和位置就很难切开的水果。所以，首先要根据水果的味道和特性，考虑适合什么样的面包、什么样的奶油。即使是同一种水果，品种不同也会导致甜酸平衡不同，口感不同。切成大块还是薄片，水果的酸甜感也会不同。

同样，用一种水果还是多种水果，制作漂亮横截面的方法，以及应该追求的口味方向，也会相应有变化。

通过尝试进行不同的搭配，简单的水果三明治也能变成异常豪华的甜点。

果干的 **种类**

通过干燥技术，水果本身的味道会浓缩，产生不同于新鲜水果的独特味道。在与面包搭配时，即使使用量少，果干的甜味与酸味也能凸显存在感。

加利福尼亚州葡萄干

世界上约有40%的葡萄干来自美国加利福尼亚州，是最常见的葡萄干。成熟的葡萄在阳光下晒干，甜味很足，口感很黏。

苏丹娜葡萄干

产于土耳其的一种葡萄干，与加利福尼亚州葡萄干相比，日晒时间短，拥有明亮偏黄的颜色。皮薄，清爽甘甜中略带酸味。

无籽小葡萄干

它是一般葡萄干的1/4大小，由无籽的迷你葡萄制成。香气浓郁，比较酸。用于制作沙拉时，比一般葡萄干更方便。

蓝莓干

浓缩了蓝莓的甜和酸，味道浓郁。将新鲜蓝莓、蓝莓果酱和蓝莓干搭配使用，可以同时享受各种不同的味道。

杏干

被称为"干果之王"，在世界各地都很流行，经常用于制作点心。图中是土耳其产的松软杏干，其特点是口感清爽，也可以制成蜜饯。

西梅干 （去核）

将西梅晾干后制成，其特点是黏且甘甜。果肉柔软，甜酸适中，富含铁元素、维生素B和膳食纤维。

黑无花果干

口感极佳，温和的甘甜中略带一丝酸味。富含膳食纤维和铁元素，很方便食用，也可以制成蜜饯。

印度产白无花果干

因为是在白无花果完全成熟后才摘下制作成果干的，所以无花果是张着的。果实较小且紧实，不过浓缩后味道更浓郁。推荐和面包、奶酪一起使用。

柿饼

日本的传统果干，将无法直接食用的涩柿子晾晒成果干，是古老的生活智慧赐予我们的食物。柿饼很有日本特色，与面包非常契合，也可以与黄油或奶酪搭配使用。

杧果干

干燥后也有热带水果的香气，味道浓郁，非常受欢迎。吸水后会恢复原始的口感，因此用于制作沙拉时能增强味道。

菠萝干

甜美而浓郁的味道中略带令人神清气爽的酸味。果干富含纤维，吃起来脆甜可口，吸水后味道能恢复到新鲜菠萝的口味。可以将其切碎与奶油奶酪搭配使用。

香蕉干

将切成薄片的香蕉用椰子油炸制而成，口感酥脆且甜度柔和，很受欢迎。可以将果干撒在水果三明治上。

制作果干

使用烤箱或脱水机(食品烘干机,请参考第45页),可以轻松将水果制成果干。自制的果干味道比买来的更新鲜,还可以根据自己的喜好调节干燥程度。如果你家有很多时令水果,可以尝试一下制成果干。

葡萄干的做法

1 用小粒无籽的特拉华制作葡萄干相对容易。在托盘上覆盖一张烘焙纸,将葡萄从葡萄串上摘下来在托盘上摆好,放入预热至120摄氏度的烤箱中,烘烤约2个小时去除水分。

2 从烤箱拿出后,葡萄皮虽然起皱,但内部依然湿润多汁。散热后,将其放入储存罐中,然后保存在冰箱中。根据喜好调整干燥程度,做成水分较多的半干葡萄干也可以。

苹果干的做法

1 将苹果带皮切成木梳形(参考第16页的切法),摆放在脱水机的网上。设置为中温(约60摄氏度)干燥。

2 根据自己的喜好将其干燥6~8小时。干燥得越久,苹果干的储存性越好。散热后,将其放入储存罐中,然后保存在冰箱中。

柿饼的做法

1 将柿子去皮,切成木梳形(参考第16页的切法),然后将其摆放在脱水机的网上。设置为中温(约60摄氏度)干燥。

2 根据自己的喜好将其干燥6~8小时。干燥得越久,柿饼的储存性越好。散热后,将其放入储存罐中,然后保存在冰箱中。

坚果的 **种类**

包裹在硬壳或皮中的可食用果实或种子统称为"坚果"。通常去壳去皮后再干燥，果实具有很高的营养价值，自古就被视作珍贵的干货。和面包搭配时，可以烘烤一下让香气扑鼻而来，也可以加工成糊状，涂在面包上。

核桃

作为非常适合搭配面包的坚果，核桃有时也在揉面时放进去。核桃富含对人体极好的Omega-3脂肪酸和抗氧化物质（多酚、褪黑素）。核桃可以生吃，不过烘烤过的核桃更美味。

美国大杏仁（整个）

营养价值极高，尤其富含维生素E，近年来作为"超级食物"引起了人们的关注。烘烤后香味扑鼻，可与面包搭配使用。杏仁奶和杏仁黄油也越来越受欢迎。

杏仁片

三明治中使用杏仁片更方便。可以将杏仁片烤到颜色发深再使用。作为水果三明治的亮点时，其香气非常吸引人。

开心果

在《圣经·旧约》中，开心果是湿婆女王的心爱之物，所以她也被称为"坚果皇后"。开心果为浅绿色，味道很好，富含钾元素和油酸、亚油酸等不饱和脂肪酸。

开心果仁

趁着嫩果采收的生开心果，其特征是深绿色。开心果仁的鲜艳色彩令人印象深刻，非常推荐将其切碎放在水果三明治上作为点缀。

山核桃

在美国很受欢迎的坚果，经常用于烘焙食品。山核桃中富含大量的抗氧化物质，作为抗衰老食物引起了广泛关注。本书中会将山核桃与其他坚果混合在一起使用。

榛子

带壳，外形像橡子，富含油酸和维生素E，作为抗衰老食品而广受欢迎。香气浓郁，也会被用来制作糕点；经常与巧克力搭配，十分受欢迎。

栗子

栗子是秋季的代表性食材。与其他坚果相比，栗子的脂肪含量低，蛋白质含量高。栗子甘甜可口，常被加工成栗子酱或甘露煮。栗子不仅会被用来制作糕点，也经常被用来制作菜肴。

花生

虽然属于坚果类，但它与其他坚果不同，是豆类植物在土壤中的果实。花生酱与面包的搭配很受欢迎。花生富含油酸和亚油酸等不饱和脂肪酸，也富含维生素E。

腰果

原产于西印度群岛，有时也会用在咖喱中。在拥有苹果般醉人香气的果实（腰果苹果）的顶端结成。腰果的形状像勾玉，略带甜味，吃起来很脆。

夏威夷果

在日本，人们通常认为夏威夷果原产于夏威夷，与巧克力或咖啡的搭配在日本极受欢迎。不过，夏威夷果其实原产于澳大利亚，是澳大利亚的原住民自古以来的营养来源。据说夏威夷果壳是世界上最坚硬的果壳。

松子

在中国常用来制作药膳，营养丰富，被称为"仙药"。松子在意大利被广泛用于香蒜沙司，有时也用来烹饪菜肴或制作糕点。

准备坚果

与面包搭配使用时，要用香脆的坚果。准备未加调味料的坚果，并根据使用情况加工处理。

烘烤坚果

近年来，人们越来越倾向于食用不加热的坚果，不过与面包搭配使用时，坚果最好仔细烘烤一下。烘烤后的坚果香气诱人、口感不俗，即使少量使用，效果也很明显。

坚果烘烤方法：一般使用预热至160摄氏度的烤箱烘烤约10分钟，然后根据烘烤的坚果颜色进行调整。整个儿的坚果要根据大小调整烘烤时间，而对于杏仁片这一类，则要将其铺开，不能重叠，以便烘烤均匀。

坚果酱

像花生酱和杏仁酱（请参考第41页）一样，很多坚果都可以制作成坚果酱。坚果酱可以直接涂抹在面包上，成为三明治的亮点。左图是市售的开心果酱，右图是栗子奶油酱。开心果酱价格昂贵且味道浓郁，因此最好添加少量的奶油作为调味剂。栗子奶油酱以栗子为原料，甘甜美味中带着香草荚的味道，可以像果酱一样使用。

蜜渍坚果（蜂蜜坚果）

根据自己的喜好挑选烤好的整个儿坚果混合成什锦坚果，然后用蜂蜜浸泡。因为制作过程简单，所以可与面包搭配使用的蜜渍坚果是非常受欢迎的腌制食品。坚果含有大量的油脂，很容易被氧化，但通过将其浸泡在蜂蜜中，味道会持续更长时间。使用和坚果等量的蜂蜜进行浸泡，不过要让坚果全部没入蜂蜜中，所以可以适当调整蜂蜜使用量。一般使用洋槐蜜这类没有特点的蜂蜜，如果使用栗花蜜等有特殊香气或略带苦味的蜂蜜，做出的蜜渍坚果就别有一番风味。

焦糖坚果

将焦糖涂在烘烤坚果外，别有一番微苦酥脆的口感。

焦糖坚果的做法（方便制作的分量）
将125克细砂糖和1大匙水放入锅中并加热。当细砂糖溶化成糖浆时，加入250克什锦坚果（烘烤后）并用耐热铲翻炒混合。糖浆包裹坚果后，随着温度下降，结出白色结晶。搅拌的同时继续加热。当糖浆变成棕色并焦糖化时，加入10克无盐黄油混合。最后将坚果铺在铺着烘焙纸的烤盘上，待其冷却即可。

水果的 切法

本节将介绍水果与面包搭配时的切法，主要是用于制作三明治时。为了让水果的味道均匀地展现出来，形状和大小当然要统一，所以切得均匀是关键。其实也没有什么特别的切法，权当给不知如何切水果的朋友们提供参考。

桃

切法：果肉肉质柔软细腻，需要轻拿轻放。如果想要剥皮，可以先在热水中烫一下。

1 从桃蒂开始沿着中央凹线切。碰到桃核时，沿着桃核切一圈。

2 用双手抓住桃两侧，反向扭开，分成两半。桃肉很柔软，所以一定要轻拿轻放，以免压烂桃肉。

3 桃肉被一分为二，一侧会带着桃核。

4 用刀尖切断桃核周围的纤维。

5 将桃核去除。

6 如果桃很软，用刀一钩就可以去掉桃皮（第78页用到）。

7 如果要将桃切片，要在步骤6之后切成适合的厚度（第76页用到）。

8 如果切成木梳形，要在步骤5之后纵切，切成适合的厚度，然后剥皮（第79页用到）。

9 切成银杏叶状时，要在步骤8之切，切成适合的厚度（第77页用到）。

柑橘

切法：将果肉切成瓣时，不要留下果皮和橘络。

1 切掉柑橘果蒂一端。

2 另一端也切掉。

3 以横截面为底部，从顶部到底部切掉果皮。

4 重复步骤3，将果皮都切掉。

5 将残留的橘络和果皮仔细切掉。

6 将果肉从果实中取出，刀沿着果皮内侧切。

7 另一侧也沿着果皮内侧从外切到中央，然后取出果肉。

8 如果要使用果皮，就要仔细去掉上面的橘络。

9 将果皮按照使用场景切成相应的尺寸（第138页用到）。

哈密瓜

切法：种子周围的果肉糖分高，离果皮越近，果肉糖分就越低，因此将其切成木梳状，味道比较均衡。

1 剪掉哈密瓜的瓜蒂。

2 纵向将哈密瓜一分为二。

3 将结种子的瓜筋两头切断。

4 使用勺子将种子挖出。

5 将一半哈密瓜再纵向对半切，切成 1/4 大小。

6 根据使用需要，将哈密瓜切成木梳形。这里将 1/4 哈密瓜再对半切，也就是 1/8 大小。

7 将果皮贴在砧板上固定，用刀插入果肉和果皮之间，然后沿着瓜的曲线切掉果皮。

8 按需要将哈密瓜切成一定厚度的小块（第 74 页用到）。

9 如果想切成更薄的木梳形，就将其等切成两半再切薄，然后按照步骤 7 的方法切掉果皮（第 75 页用到）。

杧果

切法：关键是要掌握杧果扁果核的形状和位置。用刀刃柔软的刀更容易切。

1 杧果中心有一粒扁平果核。以果蒂为基点，在两侧约1厘米处下刀。沿果核切开果实。

2 切开一侧后，将其翻转并以相同方式切开另一侧。这样杧果就被切成了3块，分别是两侧的果肉和中间的果核。

3 剥皮。

4 果核的两端也有果肉，沿果核切下果肉。

5 将带果核的那部分放在砧板上，并将剩下的附着果肉切下来，不要浪费。

6 根据使用需要，对半切（第82页用到）或切成有一定厚度的薄片（第67、82页用到）。

牛油果

切法：果肉柔软且易烂，剥皮后要轻拿轻放。

1 牛油果的中心有一个圆形果核。以果蒂为起点下刀，直到碰到果核，然后沿着果核切一圈。

2 用双手握住牛油果两侧，反向扭开，将其分为两部分。

3 拿起带着果核的那一半，将刀刃插入果核。

4 反向扭转，将果核取下。

5 剥掉果皮。用手或用刀剥皮皆可。

6 根据使用需要，纵向（第112页用到）或横向切片（第110页用到）。

苹果

切法：带皮切，这样就可以享受红色果皮和浅黄色果肉的视觉差。

1 纵切分成两半。

2 用挖勺去芯（参考第44页）。

3 沿V字形切下果蒂。

4 将苹果切成木梳形，这里按照放射状纵切。

5 以芯为中心横切，切开侧面为半月形。如果要制作三明治，建议使用这种切法，因为切出来很漂亮。

6 切成需要的厚度（第102、104、127页用到）。

柿子

切法：制作三明治时，无籽的柿子更便于使用。需要将果柄周围硬的部分仔细切掉。

1 将柿子纵切分成两半。

2 将果柄和果柄周围硬的部分切掉。

3 剥皮。

4 再对半切，然后将1/4大小的柿子横着切片（第68页用到）。

5 以中心为基点，切成木梳形。

6 切成需要的厚度（第9页用到）。

菠萝

切法：菠萝芯很硬，因此要挖掉。使用专门的去芯器更方便。

1 抓住菠萝叶转圈切下顶部。

2 将菠萝立在砧板上，切果皮。在芽（棕色凸起部分）的内侧下刀，纵切。

3 重复步骤2，将所有果皮干净利索地切掉。

4 用专用的去芯器插入菠萝中心挖掉芯。如果没有去芯器，就纵切成木梳状，然后切掉中心部分。

5 这是菠萝去完芯后的样子。

6 根据需要切成合适的厚度，然后将其分成6~8等份，更便于使用（在第67页和133页用到）。

猕猴桃

切法：横截面的中心部分为白色，周围散布黑籽，再外围是绿色果肉。

1 去掉果蒂。

2 落花一侧中央有一个硬芯。从边缘处水平插入刀刃，薄切，直到碰到硬芯。

3 将刀沿着硬芯旋转一圈，连着果皮一起向上拔，去除硬芯。

4 纵向削皮。

5 根据使用需要将猕猴桃切成有一定厚度的圆片。

6 需要使用大块猕猴桃时，可以纵切猕猴桃，切成4等份（在第62、64、84页用到）。

水果的 加热制作 果酱

通过对水果进行加工，可以变幻出不同于生食时的口感。加工处理可以延长水果的保质期，让我们在很长时间内都可以享受时令水果。最常见的加工方法就是制作成果酱，将水果加细砂糖煮沸并在果胶的作用下使其胶凝而成。果酱包括用柑橘类水果制作的橘皮果酱和透明果冻。

杏酱

杏的采摘季节短，且果实容易碰坏，因此生吃的机会很少。不过杏酸味强且香气独特，非常适合加工成果酱或蜜饯。杏酱用途广，是我每年都要制作的果酱之一。

材料（方便制作的分量）
杏……（净重）1千克
细砂糖……400克（杏重量的40%）
杏仁……适量

3 待杏肉出水，将细砂糖溶化后，浸泡约2小时。如果杏不熟，可能需要多一些时间，这时可以将其包裹起来并在冰箱中放一夜。

1 将杏纵切成两半，去除果核。再将果肉对切，也就是4等分，然后称重。

4 如果想增强香气，可以将杏肉和杏核一起煮。建议将杏核放入茶包后再放在锅中煮，之后取出也更容易。也可以将果核外面的硬壳去除，取出杏仁使用。

2 将杏肉和细砂糖充分混合。

5 将步骤3中的杏肉移到锅中，用中火煮。预先与细砂糖混合，浸泡在水中的状态更方便加热。煮沸后，为了不让果肉粘在锅上，要用耐热铲搅拌。

本书中，细砂糖量基本上是水果量的40%，以最大限度地体现水果的鲜味。像杏这样酸味强的水果，即使不添加柠檬汁，仅靠水果本身的酸度也可达到平衡的口感。含糖量低的果酱不适合在室温下长期保存，因此即使未开封也最好在冰箱冷藏。如果要延长保存时间，可以将细砂糖增加到水果重量的60%左右，然后添加柠檬汁（水果重量的3%~5%）。

6 当锅中出现泡沫时，用汤勺小心地撇去浮沫，继续煮5分钟。将汤勺放入小锅中涮一下，可以防止粘在汤勺上的浮沫被带回锅中。

9 当果酱很热时，不要拧紧盖子，稍微摇晃一下瓶子。然后稍微打开盖子，会听到砰的声音，这就是空气逸出了。最后快速重新拧紧盖子。

7 再煮5分钟，直到不会起沫为止，当锅中杏肉变得黏稠且富有光泽时，就可以关火了（用冷水冷却果酱时，果酱变得微硬的状态为宜）。

10 为了长期保存果酱，可将水倒入锅中煮沸，并用小火将瓶装果酱加热10分钟进行消毒。

储存罐的蒸煮消毒法

8 将煮好的果酱放入已煮沸和消毒的干净储存罐中。瓶中果酱放至距离瓶口5毫米处。如果有果酱漏斗（参考第45页）就更方便了，可以避免把瓶口弄脏。

准备一个干净的瓶子。将水倒入锅中煮沸，将瓶盖和瓶身分开，一起放入锅中，然后用大火煮约5分钟。用夹子将瓶子夹出，倒置在铺着纸巾的烤盘上晾干。从锅中取出时，将水分彻底沥干后再晾，这个过程中不要用抹布擦拭。

西梅果酱

西梅酸甜可口，富含果胶。像杏一样，建议不添加柠檬汁，这样才能充分展现水果本身的味道。与杏相比，西梅在日本国内的产量大且销售周期长，从夏季到秋季都能很容易买到，制作果酱很方便。

材料（方便制作的分量）
西梅……（净重）1千克
细砂糖……400克

3 将西梅和细砂糖放入碗中，搅拌均匀。待西梅出水，能将细砂糖溶化后，浸泡约2小时。

6 煮沸后会有浮沫，用汤勺小心地将浮沫撇去。

1 将西梅纵切成两半，去除果核。

4 细砂糖溶化后浸泡果肉的状态。待果汁析出再加热会比较容易。

7 再煮5分钟，直到不起沫为止，当锅中果肉变得黏稠且富有光泽时，就可以关火了。

2 将对半的西梅六等分，切成块。

5 将步骤4中的果肉放入锅中，用中火煮沸。

8 将煮好的果酱放入已煮沸和消毒的干净储存罐中。瓶中果酱放至距离瓶口5毫米处。如果有果酱漏斗就更方便了，可以避免把瓶口弄脏。

柚子橘皮果酱

橘皮果酱（marmalade）一词源自葡萄牙语中的橘子（marmelada），现在泛指柑橘类果酱。最常见的是柑橘做的橘皮果酱，除了柚子，还可以使用甘夏、八朔柑等，日本产柑橘也可以用来制作橘皮果酱。既然要用果皮，那么材料一定要讲究。

材料（方便制作的分量）
柚子……1个（果实250克，果皮120克）
细砂糖……150克
柠檬汁……20毫升
果胶※……4克
※ 若无特殊说明，本书使用的果胶均为LM（低甲氧基）果胶。

1 在柚子皮上切一个十字。

2 沿着十字切口将柚子皮剥下。

3 将果皮切成放射状，切掉一半的白皮部分，然后将果皮切成约2毫米宽的细丝。剥掉薄皮，从果实中取出果肉，然后去籽。给果肉和果皮称重。

4 将锅中的水煮沸，加入果皮煮5分钟。然后用筛子捞出沥干。

5 将柚子的果肉和果皮放入锅中，加入3/4的细砂糖和柠檬汁，充分混合。当细砂糖溶化后，用中火煮。锅中沸腾后撇去浮沫。

6 直接加入果胶会变成疙瘩，所以要事先与剩下的细砂糖混合好。

7 将混合好的果胶和细砂糖一点点加入锅中。

8 再煮5分钟，直到锅中不再起泡沫为止。当锅中变得黏稠且富有光泽时，就可以关火了。将煮好的果酱放入已煮沸和消毒的干净储存罐中。

无花果酱

用酸味少、清甜可口的无花果制作果酱更有一番独特的滋味。制作无花果酱时可以带皮一起制作，也可以将皮剥去，果酱口感更丝滑。无花果酱吃起来有颗粒感，这是其诱人的地方。

材料（方便制作的分量）
无花果※……250克
细砂糖……100克
柠檬汁……15毫升

※ 这里使用的是加利福尼亚产的黑色无花果。

做法
将无花果切成可以一口吃下的大小，然后与细砂糖混合。待细砂糖溶化后将无花果放入锅中，用中火加热。锅中沸腾后撇去泡沫。最后，加入柠檬汁，煮至浓稠。

草莓果酱

在各种果酱中，日本人食用最多的就是草莓果酱。日本最开始制作的果酱也是草莓酱，而欧洲自古就热衷于草莓果酱。有些草莓甜度高，生食就很好吃，而制作草莓果酱时建议使用酸味强的草莓。

材料（方便制作的分量）
草莓……250克
细砂糖……100克
柠檬汁……15毫升
果胶※……3克

※ 这里使用的是LM果胶。

做法
将每颗草莓切成4等份，然后与2/3的细砂糖混合。待细砂糖溶化后将草莓放入锅中，用中火加热。锅中沸腾后撇去泡沫。将果胶与剩余的细砂糖混合倒入锅中，然后加热。最后，加入柠檬汁，煮至浓稠。

覆盆子果酱

这种果酱的特点是吃起来有颗粒感。酸甜适中，除了可以与面包搭配，还可以用来制作甜点。新鲜覆盆子很难买到且价格昂贵，所以也可以使用冷冻品。

材料（方便制作的分量）
覆盆子（冷冻）……250克
细砂糖……100克
柠檬汁……10毫升

做法

将覆盆子和砂糖混合。待细砂糖溶化后将覆盆子放入锅中，用中火加热。锅中沸腾后撇去泡沫。最后，加入柠檬汁，煮至浓稠。

蓝莓果酱

在浆果酱中，蓝莓果酱是仅次于草莓酱的第二受欢迎且易于制作的果酱。蓝莓果酱保留了蓝莓颗粒，吃起来令人十分愉悦。新鲜的蓝莓很容易买到，但是在有些季节还是使用冷冻蓝莓比较好。

材料（方便制作的分量）
蓝莓……250克
细砂糖……100克
柠檬汁……15毫升
果胶……3克

做法

将蓝莓和2/3的细砂糖混合。待细砂糖溶化后将蓝莓放入锅中，用中火加热。锅中沸腾后撇去泡沫。将果胶与剩余的细砂糖混合，加入锅中再煮。最后，加入柠檬汁，煮至浓稠。

红布林果酱

甜酸适中的口感和鲜红色的果肉，令人印象深刻，即使做成果酱也依然鲜艳可口。除红布林以外的其他李子也可以用同样的方法制成果酱。

材料（方便制作的分量）
红布林……（净重）250克
细砂糖……100克
柠檬汁……15毫升

做法

去籽，将红布林切成一口大小的小块，然后与细砂糖混合。待细砂糖溶化后将果肉放入锅中，用中火加热。锅中沸腾后撇去泡沫。加入柠檬汁，煮至浓稠。

杧果酱

杧果是很受欢迎的水果，做成杧果酱后，口感丰富，风味十足。这里使用的是新鲜杧果，不过用冷冻杧果也可以制作。

材料（方便制作的分量）
杧果……（净重）250克
细砂糖……100克
柠檬汁……15毫升

做法

将杧果切成一口大小的小块，然后与细砂糖混合。待细砂糖溶化后将果肉放入锅中，用中火加热。锅中沸腾后撇去泡沫。加入柠檬汁，煮至浓稠。

●可以将杧果酱与调味料（例如酱汁和芥末）一起使用。杧果酱与调味料混合使用时，请用手动搅拌器将其混合均匀。

果酱 + 食材改造！

蓝莓果酱 + 奶油奶酪

材料（方便制作的分量）
蓝莓果酱（参考第23页）……50克
奶油奶酪……100克
做法
将蓝莓果酱和奶油奶酪
按照1：2的比例混合。

●奶油奶酪和果酱混合后，味道就像奶酪蛋糕，可以作为三明治的材料使用。比起混合均匀，随意混合一下更能体现出奶油奶酪和果酱各自的味道。

蓝莓酱&奶油芝士

杏酱 + 白豆馅

材料（方便制作的分量）
杏酱（参考第18~19页）……50克
白豆馅……100克
做法
将杏酱和白豆馅按照
1：2的比例混合。

●杏酱常用于和风点心，与白豆馅搭配最佳。白豆馅杏酱用在和风水果三明治中，能让人体味到一种怀旧又新奇的味道。除杏酱之外，也可以使用无花果酱和橘皮果酱。

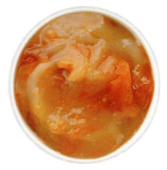

白豆馅杏酱

杜果酱 + 黄芥末

材料（方便制作的分量）
杜果酱（参考第24页）……50克
黄芥末……50克
做法
将杜果酱和黄芥末按照
1：1的比例混合。

●杜果香气浓郁，口味浓厚，即使与调味料混合也能展现出个性。杜果酱与黄芥末的组合非常好吃！味道浓郁，与肉类食材十分契合。

杜果黄芥末酱

杜果酱 + 酱汁

材料（方便制作的分量）
杜果酱（参考第24页）……50克
酱汁……100克
做法
将杜果酱和酱汁按照
1:2的比例混合。

●杜果的甜酸味与酱汁相配，使味道更加浓郁。酱汁的味道也更显浓厚。特别推荐用于三明治中。

杜果酱汁

水果的 **加热制作** 蜜饯

蜜饯是将水果与水、葡萄酒、细砂糖或香料一起煮，以延长保存时间。蜜饯的含糖量比果酱低，还保留着水果的新鲜风味和口感，更具吸引力。用果干制作蜜饯时，建议先用水浸泡果干再煮。

车厘子蜜饯

与日本产樱桃相比，车厘子的果肉更硬，而且粒大甘甜，适合加工成蜜饯。用白兰地调和，再加入柠檬汁，风味更佳。

材料（方便制作的分量）
车厘子……（净重）300克
细砂糖……150克
柠檬汁……15毫升
白兰地……15毫升

1 将车厘子用专门的去籽器去掉果核（参考第45页），称重。

2 在锅中加120毫升水（不在材料表内）和细砂糖，用中火加热，让细砂糖溶化。

3 在锅中加入处理好的车厘子，用中火煮。

4 锅中出现泡沫后仔细撇去泡沫，并用小火煮5分钟。

5 加入白兰地和柠檬汁，煮沸。关火，将蜜饯放在干净的储存罐中。冷却后放入冰箱中保存。

黄桃蜜饯

黄桃比白桃果肉更紧实，因此更适合加热。可以用罐头黄桃食品代替，但不如用新鲜黄桃做的特别，可以作为甜品使用。

材料（方便制作的分量）
黄桃（对半切，去除果核）……2个
细砂糖……300克
白葡萄酒……50毫升
柠檬汁……30毫升
蜂蜜……20克
香草荚……0.5根

1　在锅中放入细砂糖、蜂蜜、600毫升水（不在材料表内）、白葡萄酒和用小刀去籽的香草荚，加热。

2　锅中沸腾后加入黄桃，用小火煮5分钟，撇去泡沫。

3　将黄桃上下翻个，盖上厨房纸再煮2分钟。

4　将黄桃放入托盘中，然后用小刀去皮。加热后的黄桃更容易去皮。

5　将黄桃放回锅中，加入柠檬汁，再煮一会儿。将煮好的黄桃放入干净的储存罐中，待散热后放入冰箱中保存。

无花果蜜饯

使用无花果做蜜饯时，其多汁和丰满的甜味会脱颖而出。除了红葡萄酒之外，还可以向其中添加肉桂或八角等香料，让香味更上一层楼。熟透了的无花果容易被煮烂，所以要选用果肉紧实的无花果来制作蜜饯。

材料（方便制作的分量）

无花果……300克
细砂糖……150克
红葡萄酒……150毫升
蜂蜜……20克
柠檬汁……15毫升
肉桂……1根

1　将无花果的柄切掉。

2　用牙签在无花果上戳几个洞，使糖浆更容易浸入其中。

3　将细砂糖、红葡萄酒、100毫升水（不在材料表内）、柠檬汁和肉桂放入锅中，并用中火加热，让细砂糖溶化。煮沸后加蜂蜜。

4　将无花果放到锅中，用中火加热。煮沸后锅中会出泡沫，要将泡沫捞出来。用小火煮约5分钟。

5　当无花果膨胀后，停止加热。捞出放入干净的储存罐中，待冷却后放入冰箱中保存。

水果罐头

水果罐头一般都是用糖浆煮。如果把市场上销售的蜜饯考虑进去，使用场景就更多了。很难买到新鲜水果制作蜜饯时，可以考虑使用水果罐头进行制作。

黄桃罐头（半个黄桃）

明亮的橙色令人印象深刻，非常适合作为色彩点缀。半个黄桃的使用方法很多，可以在此基础上切片。黄桃罐头果肉柔软，与面包搭配口感极佳，是经常使用的水果罐头产品。

杏罐头（半个杏）

和黄桃一样颜色鲜艳，令人印象深刻。杏个头小且果肉柔软，因此使用一点也很有存在感。杏罐头既可以搭配西式甜点，也可以用来制作和风甜点，是比较常用的水果罐头之一。

白桃罐头（半个白桃）

白桃罐头是罐头食品中比较高档的一类。与黄桃相比，白桃的果肉更柔软细腻。白桃的问题在于生食果肉的时候很容易变色，不过制成蜜饯后就不用担心这个问题了。建议与酸味强的覆盆子果酱一起使用。

甘夏罐头

剥柑橘皮很麻烦，所以使用柑橘类罐头比较省事。甘夏罐头的甜味中带着很强的酸味，同时还有一丝若隐若现的苦味，颇有一种轻熟风味。果肉质地也很新鲜。

樱桃罐头

带着果柄和果核的形态令人印象深刻。虽然樱桃不作为主要水果使用，但其甜美柔和的口感，非常适合作为点睛之笔。

车厘子罐头

去籽后吃起来很方便，车厘子罐头甜酸适中、味道浓郁，其特征是果肉呈深红色，广泛用于制作甜点。

洋梨罐头（半个洋梨）

优雅的甜味和柔软的质地使它很受欢迎。洋梨特有的香气令人神清气爽。洋梨与杏搭配极佳，可以将其切成薄片，用于制作水果三明治或法式开放三明治。

菠萝罐头（切片）

菠萝罐头能让人体味到菠萝原有的甘甜芬芳，还有酸味。菠萝罐头有低糖和高糖之分，制作水果三明治时，一般建议使用低糖的。

栗子涩皮煮

制作时，最困难的就是剥栗子外皮，之后按照步骤进行一般不会出错。在盛产栗子的季节里可以多做一些。尽管这是和风点心的做法，但已经广泛应用于西式糕点制作，可以与面包搭配使用。无论是使用整颗栗子还是将其切成小块，都可以享受栗子清香的甘甜。

材料（方便制作的分量）

栗子（剥掉外皮）……850克
细砂糖……700克
小苏打……1大匙

3 将去掉外皮的栗子放入锅中，加水，加入小苏打并加热。

1 将栗子连外皮用热水泡30分钟，然后开始剥皮。

4 锅中沸腾后用稍弱的中火加热10分钟，然后将栗子捞出洗净。

2 剥皮时，不要伤到栗子里面的涩皮。用小刀钩住栗子外皮往下撕比较好剥。

5 使用牙签去除涩皮的筋和坚硬的部分。重复步骤3和步骤4两次。

6 将栗子和水放入锅中，加入一半的细砂糖，然后开火加热。

9 加入剩下的细砂糖继续煮。

7 锅中沸腾后转小火再煮10分钟。

10 盖上厨房纸，再煮10分钟。然后确认一下栗子硬度，如果很硬就继续煮。

8 当锅中出现泡沫时，小心地用汤勺撇去。

11 将栗子放入干净的储存罐中，待冷却后放入冰箱中保存。

和水果搭配的 基础奶油

基 础 奶 油 1

尚蒂伊鲜奶油

在鲜奶油中加糖，搅拌至起泡，这是制作水果三明治时使用的基础奶油。"尚蒂伊"的名字据说源于法国尚蒂伊市的尚蒂伊城堡的一位厨师长。乳脂含量低的鲜奶油很容易散，因此建议使用乳脂含量超过40%的鲜奶油。如果立即食用或想要味道清淡一些，也可以使用乳脂含量在35%左右的鲜奶油。

材料（方便制作的分量）
鲜奶油（乳脂含量为42%）……200毫升
细砂糖※……16克

※ 本书使用的细砂糖重量为鲜奶油的8%。虽说控制甜度可以让奶油味道更为清爽，但这里是要调和面包与水果的味道。

1 将冷藏的鲜奶油放入碗中，加入细砂糖。将装有奶油的碗放在冰水中，一边冷却一边搅拌发泡。

3 如果泡沫太多就会有噗噗的声音，因此要不时提起打蛋器确认一下硬度。照片是 8 分发的状态。使用手动打蛋器的话，奶油很容易变硬，所以要特别注意。

2 用打蛋器打出泡。要搅拌均匀，让细砂糖充分溶解。

4 提起打蛋器时，拉起的角可以立起来，并且富有弹性和光泽，这就是 9 分发的状态。如果再搅拌，奶油就会开始分离。用于制作三明治的奶油充分搅拌，最好能拉起角。

基 础 奶 油 **2**

马斯卡彭奶酪和鲜奶油

将尚蒂伊鲜奶油与马斯卡彭奶酪相结合，是与面包适配度最高的奶油。关键是要用蜂蜜来甜化马斯卡彭奶酪，因为蜂蜜的浓厚甘甜中略带一丝酸味，增强了马斯卡彭奶酪的味道。将鲜奶油打至8分发后，加入马斯卡彭奶酪，如果一开始就将它们混合，奶油虽然很容易拉起角来，但是很快就会塌下去。

材料（方便制作的分量）

鲜奶油（乳脂含量为42%）……200毫升
细砂糖……16克
马斯卡彭奶酪※……200克
蜂蜜……16克

※ 马斯卡彭奶酪是意大利鲜奶酪，酸味弱，口感丝滑，常用于制作甜品。制作水果三明治时，适合使用温和的日本产马斯卡彭奶酪，而不是意大利产的。

1 将马斯卡彭奶酪和蜂蜜混合。

3 将剩下的奶酪蜂蜜混合物加进来，充分混合。

2 在鲜奶油里加入细砂糖，打成8分发状态（参考第32页步骤3），加入1/3混合好的奶酪和蜂蜜，再次充分混合。

卡仕达酱

源于法语的"crème pâtissière",直译的意思为"专业糕点师的奶油"。正如其名,卡仕达酱是糕点制作中必不可少的奶油。甜味面包裹着大量卡仕达酱,奶油面包就这样在日本诞生了。奶油面包在日本非常受欢迎,以此也能看出面包和卡仕达酱的搭配效果十分出众。

材料(方便制作的分量)

蛋黄……3个
牛奶……250毫升
细砂糖……60克
低筋面粉……30克
无盐黄油……25克
香草荚……1/3根

2 搅拌好之后加入低筋面粉。

3 将蛋液和面粉混合均匀,但不要揉捏。

1 将蛋黄放入碗中,加入细砂糖,用打泡器搅拌至泛白。需要注意的是,如果搅拌不够迅速,细砂糖就会吸收蛋黄中的水分,留下颗粒。

4 在锅中加入牛奶和香草荚。用刀子纵切香草荚,削入锅中。将材料煮至沸腾。

5 将锅中液体加入碗中，迅速搅拌。

6 在锅上放置一个网眼较细的筛子，过滤步骤5的成品。滤出香草荚和蛋黄等，让质地更丝滑。

7 用中火加热，同时用打蛋器搅拌混合。当液体变黏稠时，锅底很容易烧煳，因此要不停地充分搅拌。中途可以将锅从火上移开，但要不停搅拌。

8 即使液体变得越来越黏稠，也不要停止搅拌，继续加热2~3分钟。当液体更显丝滑后，关火。

9 加入无盐黄油，用耐热铲搅拌混合，让其快速融化。

10 将完成后的卡仕达酱转移到碗或盆中，盖一层保鲜膜，然后放入冰水中迅速冷却。待冷却后，将其放入冰箱冷藏。

柠檬凝乳

这是一种柑橘类水果凝乳，通过将果汁、鸡蛋、细砂糖和无盐黄油加热制成的奶油状涂抹酱。由于使用了鸡蛋，因此我们将其作为一种卡仕达酱来介绍。除柠檬外，还可以用橙子或其他柑橘类水果来制作。这种酱甜酸适中，口感顺滑，味道浓郁。增加无盐黄油的用量会让味道更浓郁。你可以根据自己的喜好将以下材料的用量增加一倍。

材料（方便制作的分量）

柠檬汁……100毫升
柠檬……1个
鸡蛋……2个
细砂糖……100克
无盐黄油……50克

＊ 使用耐热玻璃碗，这样隔热水加热时火
会变柔和，不容易失败。

2 将去除蛋黄系带的鸡蛋放入碗中，加入柠檬汁和步骤1中的柠檬皮混合，然后加入细砂糖。

3 加入细砂糖后，立即混合均匀。如果不快速搅拌，细砂糖就会吸收蛋黄中的水分并留下颗粒。

1 将柠檬洗净沥干，然后将黄色部分用锉刀锉掉（参考第45页）。

4 将锅中的水煮沸，然后将步骤3的成品连碗一起放入锅中加热。为了防止蛋液凝固，要持续搅拌。

5 将无盐黄油切成一口大小的小块，放入碗中。

8 用耐热铲搅拌的同时，继续加热，直到成品变成透明的奶油状为止。

6 一边融化无盐黄油，一边用打蛋器搅拌使其乳化。

9 用细网眼的笊篱进行过滤。过滤可使成品更丝滑，也可以省略此步骤。

7 继续搅拌，同时用小火加热。

10 将柠檬凝乳放入煮沸消毒过的、干燥的、干净的储存罐中。

里考塔奶酪奶油

里考塔奶酪是意大利的一种鲜芝士，是将奶酪生产过程中产生的乳清重新加热并使其固化而成。它脂肪含量低，清爽味道中带着牛奶的甜香。除了用蜂蜜提升甜味，加食盐也可以使里考塔奶酪的味道更浓。如果在芝士中加一些黑胡椒做点缀，就别有一番成熟风味了。

材料（方便制作的分量）

里考塔奶酪……100克
蜂蜜……16克
食盐……一小撮
黑胡椒（粗磨）……少许

做法

在里考塔奶酪中加入蜂蜜、食盐和黑胡椒，搅拌均匀。

马斯卡彭奶酪芝麻奶油

将马斯卡彭奶酪和蜂蜜、芝麻粉（白芝麻）混合即可。略带甜味的马斯卡彭奶酪配上芝麻的香气，滋味既怀旧又新鲜，广泛用于制作水果三明治和法式开放三明治，特别推荐与无花果、杏和柿子搭配使用。

材料（方便制作的分量）

马斯卡彭奶酪……100克
芝麻粉（白）……15克
蜂蜜……10克

做法

将芝麻粉和蜂蜜加到马斯卡彭奶酪中，搅拌均匀。

焦糖坚果奶油奶酪

焦糖坚果的香气和奶油奶酪浓郁的口感十分相配。奶油奶酪微咸，可以衬托焦糖坚果的香气和甜味。奶油奶酪的质地紧实，既适合硬面包也适合软面包。

材料（方便制作的分量）

奶油奶酪……100克
焦糖坚果（参考第11页）……50克
食盐……一小撮

做法

在奶油奶酪中加入切碎的焦糖坚果和食盐，充分混合。

白巧克力风味葡萄干黄油

葡萄干黄油的美味配上白巧克力的香甜和鲜奶油的丝滑，即使直接涂在面包上，也会很显档次。朗姆酒渍的葡萄干更增添了一抹成熟风味。也可以搭配自己喜欢的果干，比如无花果干或杏干。

材料（方便制作的分量）

白巧克力（隔热水融化）……50克
无盐黄油（切成一口大小）……50克
鲜奶油……50毫升
葡萄干……40克

做法

将葡萄干快速过一下热水，捞出沥干。将奶油放在小锅中加热，然后加入白巧克力，再加入无盐黄油，并用打蛋器搅拌，直到奶油变顺滑为止。再加入葡萄干混合，然后将小锅放入冰水中直至冷却。

巧克力奶油酱

巧克力的原料是可可豆，是果实的种子，因此巧克力也可以看作一种果实加工品。巧克力系涂抹酱，使用高品质的巧克力，更有一种成熟感。在制作时，可以调整鲜奶油或黄油的用量，直到找到自己喜欢的口味。添加大量鲜奶油可以让巧克力奶油酱很容易涂抹到面包上，即使刚从冰箱中取出也没关系。

材料（方便制作的分量）

黑巧克力※
（可可含量超过60%）……100克
鲜奶油……200毫升
无盐黄油……30克
朗姆酒……1小匙

※ 如果可可含量低，巧克力即使冷却也不会
固化，所以要使用可可含量高的黑巧克力。

1 将鲜奶油放入锅中，加热至快要沸腾。关火后，向锅中加入黑巧克力并搅拌，使其融化。

3 向锅中加入朗姆酒并混合。可以根据自己的喜好决定朗姆酒的使用量，也可以使用自己喜欢的其他洋酒，比如白兰地或君度酒。

2 向锅中加入小块无盐黄油，并用打蛋器充分搅拌使其乳化，也可以使用手动打蛋器。

4 将整口锅放入冰水中冷却，并用打蛋器搅拌，散掉余热。之后将成品转移到储存罐中，然后放入冰箱中冷藏。

杏仁酱

近年来，杏仁酱与花生酱在美国越来越流行，作为纯素食食材不断受到关注。使用大功率的搅拌器制作起来更简单，所以除了杏仁外，还可以搭配其他坚果。如果添加食盐，味道会更突出，也可以根据喜好用蜂蜜替代糖，或是做成无糖的。

材料（方便制作的分量）

杏仁（整颗）……250克
蔗糖……25克
食盐……一小撮

做法

将杏仁、蔗糖和食盐放入搅拌器中，搅拌均匀。这时材料中还会有一些颗粒，不过搅拌时间越长，质地越丝滑。可以根据自己的喜好进行调整。

巧克力奶油酱
＋
覆盆子果酱

覆盆子巧克力酱

材料（方便制作的分量）

巧克力奶油酱（参考第40页）……1份
覆盆子酱（参考第23页）……100克

做法

将巧克力奶油酱和覆盆子酱混合。两者既可以充分混合，也可以粗略混合，让其呈现大理石纹路。不管哪种混合方式，都有各自的特点，最终口味也有所不同。

巧克力奶油酱
＋
焦糖坚果

焦糖坚果巧克力酱

材料（方便制作的分量）

巧克力奶油酱（参考第40页）……1份
焦糖坚果（参考第11页）……50克

做法

在巧克力奶油酱中加入切碎的焦糖坚果，并充分混合。焦糖坚果可以根据自己的喜好用自动食品加工机打碎混合。

水果三明治的制作法则

水果和面包的搭配

为了和面包搭配时凸显水果的个性，下面将介绍制作水果三明治前
应了解的基础搭配知识。

第 1 步 简单组合面包和水果（单品水果三明治）

法则 ① **使用松软、湿润的简单面包**

基本上都是用切片面包。因为是盖上盖子烘烤的，所以质地湿润柔软。
与质地软糯的水果搭配可以达到很好的平衡，即使加了很多水果，三明治也是入口即化的感觉。

法则 ② **只使用一种水果**

为了直接品尝水果和面包，先尝试使用一种水果。如果口味或质感不足，再添加其他食材。

法则 ③ **使用奶油凸显水果的个性**

用马斯卡彭奶酪和鲜奶油打底。
如果味道不够浓郁或香味不足，再补充卡仕达酱或果酱。

法则 ④ **打造独具个性的水果三明治横截面**

水果三明治的魅力在于其美丽的横截面。
充分利用水果的味道和质感，并注意横截面，让人一目了然地看到使用的水果。
示例：各种草莓三明治（请参考第48~59页）

第 2 步 用多种水果组合（什锦水果三明治）

法则 ⑤ **变化多彩**

什锦水果三明治有各种颜色，组合起来十分鲜艳夺目。
如果使用相同色系的水果，也可以打造出细腻的渐变感。
示例：什锦水果三明治（请参考第60~65页）

法则 ⑥ **味道相似的组合**

尝试使用相同种类的水果，比如浆果类、热带水果类或柑橘类。
另外，使用同一季节的多种水果也很容易平衡味道。
将用不同方法处理的同一种水果（比如鲜橙和橘皮果酱或糖渍陈皮）组合在一起，就可以品尝到一种
水果的不同风味。
示例：时令什锦水果三明治（请参考第66~69页）

法则 ⑦ **口感和味道差别较大的组合**

将甜糯的香蕉和香脆可口的坚果组合起来，或者和咸味突出的培根搭配。将几种个性极强的食材搭
配在一起，使每种口味都能脱颖而出。
示例：香蕉、花生酱和培根热三明治（请参考第101页）

第3步 用水果装饰经典三明治
（扩展水果三明治的范围）

法则 ⑧ **作为调味料使用**

将少量果干、果酱和坚果添加到经典三明治中，其甜酸口味可以作为不错的点缀。除此之外，
建议在芥末酱或调味酱中混入果酱，味道不仅不会奇怪，反而会提高美味程度。
示例：《不亚于主角的配角水果 世界三明治》（请参考第143~159页）

用果实制作
圣诞节的发酵甜点

在欧洲，有许多与传统活动有关的甜点和面包。
其中，圣诞节的发酵甜点以大量使用水果而闻名。
在这里，我将介绍来自德国、法国和意大利的经典发酵甜点。

史多伦 (stollen)
是德国很受欢迎的圣诞节发酵甜点。在面团中混合大量干果和坚果，然后烘烤成独特的形状。使用的食材不同，相应地会有各种变化。在日本，史多伦已成为面包店的经典圣诞节甜点，食用时一般切成薄片。

贝拉维卡 (berawecka)
是法国阿尔萨斯地区过圣诞节时必不可少的发酵甜点。"贝拉维卡"在阿尔萨斯方言中是洋梨小面包。顾名思义，贝拉维卡会使用洋梨，还会使用各种干果。发酵面团中使用干果的数量非常大，所以食用时一般切成薄片。

潘纳多尼面包 (panettone)
是意大利米兰的传统发酵甜点。它使用意大利北部传统的发酵品种，面团一般使用黄油、鸡蛋和糖制成，在其中再添加果干。潘纳多尼最初是圣诞节才会有的甜点，现在一年四季都有。潘纳多尼松软可口、入口即化，是非常受欢迎的早餐和点心。可以根据喜好切成适当大小食用。

水果 道具

切水果的方法多种多样，每一种方法都有专用工具。使用专用工具可以降低制作难度，缩短制作时间。我将介绍本书使用过的一部分道具，以及一些有用又有趣的道具。

香蕉切片器

这是按香蕉的曲线设计的，将其放在已剥皮的香蕉上按压，就能将香蕉切成均匀厚度的香蕉片。如果是放在烤面包片上，一般会使用厚度均匀的香蕉片。

苹果切片器

如果用双手将苹果切片器从苹果顶部压下，就能将苹果切成漂亮的木梳形。由于可以同时去掉苹果芯，因此适合在想得到大量均匀的苹果块时使用。图中道具为8等份型，也有10等份型的。

牛油果切片器

尖头可以将牛油果皮切开，用中央刀刃去除牛油果核，圆形的切片部分可以在不剥皮的情况下将牛油果挖成牛油果片。如果喜欢牛油果，那么这个工具能派上大用场。

菠萝切片器

切掉菠萝的顶部和底部，将其插入中心，然后转动手柄，可以让菠萝皮和菠萝芯分开，同时将菠萝切成片。切成的菠萝片并不是圆片，而是螺旋形，可以根据使用场景进一步切分。

去芯器

既方便去除苹果和梨的果核，也适用于小型菠萝。将去芯器插入水果中心，然后拉出就能去除果核。

水果多功能刀

圆形的挖勺和用来进行花切以及去除果蒂的V形刀组合而成的套件，可以轻松进行花切，也称为去芯器或水果球切刀。

草莓取蒂器

可以从基部连着硬芯去除草莓蒂。有些草莓不需要使用，但处理那些有硬芯的草莓时，使用起来就很方便。

樱桃、橄榄去核器

去除樱桃和橄榄的果核的特殊工具。将带有果枝的樱桃（或橄榄）放在圆形凹陷处，抓住手柄按压就可以将果核去除。如果经常制作樱桃蜜饯、果酱或三明治，那么这是必需品。

细丝切

很锋利，可以将柑橘皮磨碎。除柑橘类外，还可以用在坚果、硬奶酪、生姜和大蒜等调味蔬菜上。使用的场合很多，也是很有用的工具之一。

柠檬榨汁器

将柠檬切成两半，然后放入圆球部位，握紧手柄按压榨汁。与从上方挤压的道具相比，它没那么费力。

核桃夹

将核桃放入豁口部位，挤压手柄就可以夹碎硬壳。核桃可使用大豁口，银杏或杏仁可使用小豁口，取杏仁尤其方便。

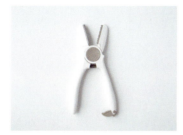

栗子剥皮器

剥栗子的专用工具，可以节省时间。根据力度大小，既可以只剥栗子外皮留下涩皮，也可以都剥去。剥几个栗子就能掌握使用技巧，之后就快多了。使用时建议戴上劳动保护手套。

铜锅

铜锅具有很高的导热性，适合制作果酱，而且导热均匀，能在短时间内将材料煮沸，因此能保留水果的鲜度和色泽。不过，铜容易被氧化，会出现绿色或蓝色的铜锈。铜锅变色后，将食盐和醋混合，倒在海绵上轻轻清洗即可。

搪瓷锅

搪瓷不容易烧焦且耐酸性强，因此不会影响食材的颜色或味道。它无异味，也不容易染色，比较卫生。搪瓷锅比铜锅更容易保养，因此建议在家庭中使用。

果酱漏斗

将做好的果酱装瓶时，放在瓶口使用。由于漏斗的嘴比一般的漏斗更宽，因此很容易倒果酱，不会堵塞。可以趁热将果酱快速装瓶。

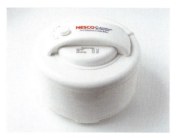

烘干机

一种食品烘干机，通过热风除去食材水分，在制作果干时使用。自然干燥会受温度和湿度的左右，所以可以控制温度会更好。烘干机的魅力在于可以根据想要的干燥程度自主调节温度和时间。

02

面包夹

水果

草莓 ✕ 面包

横截面为圆形

整颗草莓三明治

草莓与奶油的搭配是水果三明治的基础款。在口感上，酸甜可口的草莓
与切片面包、奶油是绝妙的搭配；在颜色上，草莓的"红"与切片面包、
奶油的"白"相互衬托，呈现出"看起来就很美味"的视觉效果。将草莓
横切，草莓的横截面就会呈现圆形，圆滚滚的样子十分可爱。

横截面为三角形

整 颗 草 莓 三 明 治

使用的食材也是切片面包、奶油和草莓，和左页搭配相同、分量相同，
只是排列方式变了一下，成品的视觉效果就完全不一样了。正因为是简
单的食材组合，所以在凸显草莓自身独特风味的同时，也要注意横截面
的排列效果。大颗草莓纵切也可以很有存在感。

草莓 ✕ 面包

横截面为圆形【整颗草莓三明治的做法】

将奶油涂在面包中央，然后向四周均匀抹开。

材料（1份用量）

切片面包（8片装）……2片
马斯卡彭奶酪和鲜奶油（参考第33页）
……50克（25克+25克）
草莓（佐贺清香/大颗）……4颗

使用食用酒精喷雾喷过的厨房纸将草莓表面的污渍擦拭干净。

做法

1. 将1颗草莓去蒂后纵切为4等份。
2. 在切片面包一侧涂25克马斯卡彭奶酪和鲜奶油。先将马斯卡彭奶酪和鲜奶油放在切片面包中央，然后向四周薄涂，直到均匀铺开。
3. 在切片面包中间从上到下横向摆3颗草莓。交叉摆放，调整方向，确保切的正好是草莓又大又圆的部位。切好的4等份草莓两边各放2块。
4. 再均匀在另一片面包上涂抹25克马斯卡彭奶酪和鲜奶油，组合在一起。用手从上方轻轻按压，使鲜奶油和水果融为一体。
5. 切掉面包边，切成2等份。

组合时的要点

为了使草莓和切片面包间的空隙能被奶油填满，可以先用手掌轻轻按压面包片再切开。要想呈现圆形的草莓横截面，草莓的排列方式很重要。横切时要注意平衡，在能够切出差不多大小的横截面的位置摆放草莓。草莓的摆放方向并不是一样的，要将草莓尖和草莓蒂交叉摆放。

横截面为三角形【整颗草莓三明治的做法】

材料（1份用量）

切片面包（8片装）……2片
马斯卡彭奶酪和鲜奶油（参考第33页）
……50克（25克+25克）
草莓（甘王/大颗）……4颗

做法

1. 将1颗草莓去蒂后纵切为4等份。
2. 在切片面包一侧涂25克马斯卡彭奶酪和鲜奶油。先将马斯卡彭奶酪和鲜奶油放在切片面包中央，然后向四周薄涂，直到均匀铺开。
3. 在切片面包中间从上到下摆放3颗草莓。切的位置正好是中心线。切好的4等份草莓两边各放2块。
4. 再均匀涂抹25克马斯卡彭奶酪和鲜奶油在另一片面包上，组合在一起。用手从上方轻轻按压，使鲜奶油和水果融为一体。
5. 切掉面包边，切成2等份。

组合时的要点

纵切草莓时，注意不要偏离草莓尖。比起形似锐角三角形的草莓，更推荐使用尖部不那么凸出的梯形草莓，制作时后者更不容易失败。

将奶油涂在面包中央，然后向四周均匀抹开。

草莓 ╳ 面包

横截面为斜线形

薄片草莓三明治

想要在减少草莓用量的同时，呈现有视觉冲击力的横截面，将草莓切成薄片不失为一个好办法。如果使用大颗草莓，两颗草莓就能体现存在感。将散发着香草荚香气的卡仕达酱和鲜奶油组合起来，成品会让人感觉搭配完美、品质上乘。

横截面为横线形

圆片草莓三明治

这是直接将草莓圆片夹在面包片中的优质三明治。虽然分量不大、视觉冲击效果不强，实际上却是最好的搭配方式。面包、草莓和奶油三位一体，口味协调，令人享受。

草莓 ╳ 面包

横截面为斜线形【薄片草莓三明治的做法】

材料（1份用量）

切片面包（10片装）……2片
马斯卡彭奶酪和鲜奶油（参考第33页）……20克
卡仕达酱（参考第34~35页）……20克
草莓（甘王/大颗）……2颗

做法

1. 将草莓去蒂后纵切为5等份。
2. 在切片面包一侧涂卡仕达酱，如图所示放上草莓。
3. 在另一片面包上均匀涂抹马斯卡彭奶酪和鲜奶油，并将两片叠在一起。用手从上方轻轻按压，使鲜奶油和水果融为一体。
4. 切掉面包边，切成3等份。

组合时的要点

将纵切的草莓薄片微微错开摆放，注意角度一致。为了让横截面更美观，要从排列好的草莓薄片最宽的部位切。

横线形横截面 【圆片草莓三明治的做法】

材料（1份用量）

切片面包（8片装）……2片
马斯卡彭奶酪和鲜奶油（参考第33页）
……40克（20克+20克）
草莓（栃乙女/中等大小）……3颗

做法

1. 将草莓去蒂后切为5毫米厚的圆片。
2. 分别在2片切片面包的一侧均匀涂抹20
   克马斯卡彭奶酪和鲜奶油，将切好的草莓
   摆在切片面包上，注意草莓不要重叠。将
   两片面包叠在一起并用手从上方轻轻按
   压，使鲜奶油和水果融为一体。
3. 切掉面包边，切成3等份。

组合时的要点

切草莓时要选在稍大片、尺寸整齐的位置
上，这样三明治的横截面看起来更整齐美观。

草莓 ✕ 面包

横截面为半圆形

半颗草莓三明治

想要尽情享受新鲜多汁的草莓,但整颗草莓不好咬,那么将草莓切半不失为一个好办法。半圆形的草莓一个接一个排列,看起来十分美观。黄色的卡仕达酱搭配白色鲜奶油,色彩的鲜明对比令人食欲大增。横截面美观与食用时口感甚佳正是这款三明治的魅力所在。

立体横截面

满满草莓三明治

总而言之，如果想让草莓担当整个三明治的主角，让视觉效果更好，这
款三明治就是不错的选择。精选6颗饱满的草莓，填满整个三明治。如
果能正确地摆放草莓，这款三明治很容易制作成功。那些不擅长切最后
一刀的人刚好可以挑战一下这款三明治。

草莓 ✕ 面包

横截面为半圆形 【半颗草莓三明治的做法】

材料（1份用量）

切片面包（10片装）······2片
马斯卡彭奶酪和鲜奶油（参考第33页）······20克
卡仕达酱（参考34~35页）······20克
草莓（红颜/中等大小）······3颗

做法

1. 将草莓去蒂后纵切为2等份。
2. 在切片面包一侧涂上卡仕达酱，如图所示摆放草莓。
3. 在另一片面包上均匀涂抹马斯卡彭奶酪和鲜奶油，然后叠在一起。用手从上方轻轻按压，使鲜奶油和水果融为一体。
4. 切掉面包边，切成3等份。

组合时的要点

横切时要注意平衡，让切之后的草莓的横截面差不多大。草莓的摆放方向并不是一样的，要将草莓尖和草莓蒂交叉摆放。

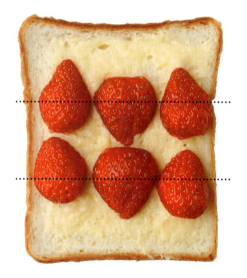

横截面为立体【满满草莓三明治的做法】

材料(1份用量)

切片面包（8片装）……2片

马斯卡彭奶酪和鲜奶油（参考第33页）
……40克（20克+20克）

卡仕达酱（参考第34~35页）……20克

草莓（甘王/大颗）……6颗

做法

1. 将草莓去蒂后纵切为4等份。
2. 首先在切片面包的一侧涂上卡仕达酱，再涂20克马斯卡彭奶酪和鲜奶油。先将马斯卡彭奶酪和鲜奶油涂在切片面包中央，然后向四周薄涂，直到均匀涂开。
3. 在另一片面包上涂20克马斯卡彭奶酪和鲜奶油，然后将两片面包叠在一起。从上方用手轻轻按压，使鲜奶油和水果融为一体。
4. 切掉面包边，沿对角线切成4等份。

组合时的要点

将最大的一颗草莓放在中央，其余草莓的草莓尖分别对着切片面包的角，按越靠近外侧越薄的原则摆放草莓。

什锦水果 ✕ 面包

大胆组合

满满什锦水果三明治

草莓的红、猕猴桃的绿、黄桃的黄，还有香蕉的奶油色，这4种色彩组合而成的三明治令人印象深刻，横截面看起来十分诱人。正是因为大胆使用了什锦水果组合，所以可以细细品尝出每一种水果的独特风味。

缤纷什锦水果三明治

即使是同样的水果组合，切法和夹的方式不同，呈现的效果也完全不一样。将水果切片后夹到三明治中，入口顺滑，外观高级。另外，双层重叠的排列方式使得一口咬下去可以品尝到多种水果的风味，体验到属于什锦水果三明治的混合风味。

什锦水果 ✕ 面包

大胆组合 【满满什锦水果三明治的做法】

材料（1份用量）

切片面包（8片装）……2片

马斯卡彭奶酪和鲜奶油（参考第33页）

……45克（20克+25克）

卡仕达酱（参考第34~35页）……20克

草莓……2颗

黄桃罐头（半个黄桃）……1块

猕猴桃（纵切4等份/参考第17页的切法）……1/4个

香蕉……1/2根

做法

1. 将水果切好。一颗草莓纵切为2等份。黄桃对半切后，将其中一块再次对半切。

2. 首先在切片面包的一侧涂上卡仕达酱，再涂上一层20克马斯卡彭奶酪和鲜奶油。

3. 将水果摆放在步骤2的切片面包上。

4. 在另一片面包上涂25克马斯卡彭奶酪和鲜奶油，并将两片面包组合在一起。从上方用手轻轻按压，使鲜奶油和水果融为一体。

5. 切掉面包边，切成2等份。

组合时的要点

在组合满满什锦水果三明治的过程中，想要将不同色彩的水果清晰地呈现出来的话，摆放顺序是很重要的。一起来寻找完美的组合方式吧。

高级薄片 【缤纷什锦水果三明治的做法】

材料(1份用量)

切片面包（10片装）……3片
马斯卡彭奶酪和鲜奶油（参考第33页）
……80克（20克×4）
草莓……1颗
黄桃罐头（半个黄桃）……1块
猕猴桃（纵切4等份/参考第17页的切法）
……8毫米薄片2片
香蕉……1/4根

做法

1. 将水果切好。草莓纵切为2等份。黄桃切成8毫米厚的薄片。
2. 在切片面包的一侧涂20克马斯卡彭奶酪和鲜奶油。
3. 先将草莓和香蕉按左图所示摆放，再用另一片一侧涂了20克马斯卡彭奶酪和鲜奶油的面包夹住。
4. 在步骤3切片面包的另一侧涂上20克马斯卡彭奶酪和鲜奶油后，摆上黄桃和猕猴桃，第3片面包的一侧涂20克马斯卡彭奶酪和鲜奶油，组合在一起。从上方用手轻轻按压，使鲜奶油和水果融为一体。
5. 切掉面包边，切成3等份。

组合时的要点

如果水果薄片厚薄一致，横截面看起来就会更整齐。如果准备的草莓或香蕉比较大，那么不要选择对半切。像猕猴桃、黄桃一样切成薄片，会令三明治整体看起来更美观、更协调。

什锦水果 ╳ 面包

立体横截面的满满什锦水果三明治

沿着切片面包的对角线切出三角形横截面的三明治，放在盘子里会呈现
强烈的立体感。选择什锦水果中最想凸显出的水果，并放在切片面包的
中心位置。拿不定主意的时候，不妨尝试用大颗的草莓。即使只有一颗，
也可以很有冲击力。

材料（1份用量）

切片面包（8片装）……2片
卡仕达酱（参考第34~35页）……30克
马斯卡彭奶酪和鲜奶油（参考第33页）
……30克（25克+5克）
草莓……1颗
黄桃罐头（半个）……1/2块
猕猴桃（纵切为4等份）……1/4个
香蕉……1/3根

做法

1. 切片面包的一侧涂上卡仕达酱后，把水果摆放好。如图所示，将草莓放在切片面包的中心位置，对半切的黄桃沿着对角线放在草莓两侧，并将猕猴桃和香蕉分别沿着另一条对角线放在草莓两侧。

2. 在猕猴桃与草莓、香蕉与草莓的空隙间，涂抹5克马斯卡彭奶酪和鲜奶油。

3. 在另一片面包一侧涂25克马斯卡彭奶酪和鲜奶油，然后叠在一起。从上方用手轻轻按压，使鲜奶油和水果融为一体。

4. 切掉面包边，沿着对角线切成4等份。

斜线横截面什锦水果三明治

在薄薄的切片面包上摆放适量的水果，这样的组合式三明治能够将平衡感
发挥到极致。厚度相近的水果薄片是完美横截面的关键。这款三明治能够
让人直接品尝到不同水果的独特风味。

材料(1份用量)

切片面包（10片装）……4片

马斯卡彭奶酪和鲜奶油（参考第33页）
……80克（10克×8）

草莓……2颗

黄桃罐头（半个黄桃）……1/2块

猕猴桃（半圆形薄片 / 参考第17页的切法）
……1/4个

小米蕉……1根

做法

1. 将水果切成5毫米左右的薄片。

2. 将事先切掉面包边的切片面包对半切
   开，在一侧分别涂上10克马斯卡彭奶
   酪和鲜奶油后，将水果按种类夹在切
   片面包中。

3. 沿着切片面包的长边切成2等份。

浆果什锦三明治

以草莓为主，混合了3种浆果的诱人三明治。略带酸味的黑麦切片面包
和酸甜的浆果搭配在一起十分新潮，味道也清爽。棕色的面包和浆果在
视觉上的平衡也很引人注目。

材料（1份用量）

黑麦切片面包（12片）……3片
马斯卡彭奶酪和鲜奶油（参考第33页）
……80克（20克×4）
草莓……4粒
覆盆子……4粒
蓝莓……8粒

做法

1. 在黑麦切片面包上涂20克马斯卡彭奶
   酪和鲜奶油。如图所示，放上纵切一
   半的草莓，将草莓排列在设想中要切
   的位置上。再盖上一片一侧涂了20克
   马斯卡彭奶酪和鲜奶油的黑麦切片面
   包。用手从上方轻轻按压，使鲜奶油
   和水果融为一体。

2. 在步骤1的成品上涂20克马斯卡彭奶
   酪和鲜奶油，然后放上蓝莓和覆盆子。
   再放上一片一侧涂了20克马斯卡彭奶
   酪和鲜奶油的黑麦切片面包。从上方
   用手轻轻按压，使鲜奶油和水果融为
   一体。

3. 切掉面包边，切成3等份。

热带水果什锦三明治

将杧果、菠萝、香蕉与粗糖、朗姆酒、薄荷混合在一起，会有点不一样的成熟感。香气让人不由得想起莫吉托鸡尾酒。这是一种在炎热的季节会让人神清气爽，只属于成年人的水果三明治。

材料（1份用量）

切片面包（8片）……2片

马斯卡彭奶酪和鲜奶油（参考第33页）
……40克（20克+20克）

杧果（参考第15页切法）厚8毫米薄片
……3片

菠萝（参考第17页切法，银杏切※）
……4片（40克）

香蕉（1/2根，纵切8毫米薄片）
……2片（40克）

粗糖……2小匙

朗姆酒……2小匙

薄荷……适量

做法

1. 将水果放入方盘中，洒上粗糖（卡森纳德红糖）和朗姆酒，加入切碎的薄荷，混合后静置约15分钟。

2. 在切片面包一侧涂20克马斯卡彭奶酪和鲜奶油，将步骤1的成品夹在中间。从上方用手掌轻轻按压，使鲜奶油和水果融为一体。

3. 切掉面包边，切成3等份，然后撒上薄荷碎。

※ 银杏切，即将食材切成类似银杏叶的形状。——编者注

＊ 这里使用的糖是100%由甘蔗制作的法国红糖，其特点是具有香草荚般的气味和深厚的甘甜。如果没有，可以用蔗糖代替。

坚果 & 什锦水果 ╳ 面包

栗子和水果什锦三明治

选取栗子涩皮煮、阳光玫瑰葡萄和柿子等组成的秋季限定坚果与什锦水果版豪华三明治，再加上与马斯卡彭奶酪芝麻奶油完美协调，所以与日式焙茶相得益彰。

材料（1份用量）

切片面包（8片装）……2片
马斯卡彭奶酪芝麻奶油（参考第38页）
……25克
马斯卡彭奶酪和鲜奶油（参考第33页）
……25克
栗子涩皮煮……1粒
柿子（参考第16页切法），银杏切
……5片（45克）
阳光玫瑰葡萄……3颗
芝麻粉（白）……少许

做法

1. 将一片柿子切为4等份，并将一颗阳光玫瑰葡萄对半切开备用。

2. 在切片面包一侧涂上马斯卡彭奶酪芝麻奶油后，在切片面包的中央再放上栗子涩皮煮。如图所示，沿着对角线在栗子涩皮煮两侧各放2片柿子，并沿着另一条对角线将阳光玫瑰葡萄分别放在栗子涩皮煮两侧，一侧1.5颗。将切好的柿子片填补在空隙中。

3. 再用同样一侧涂了马斯卡彭奶酪和鲜奶油的面包夹住步骤2的成品。从上方用手掌轻轻按压，使鲜奶油和水果融为一体。

4. 切掉面包边，沿着对角线切成4等份，然后撒上适量芝麻粉。

坚果大杂烩三明治

以添加了足够多焦糖坚果的奶油奶酪作为主要原料，再搭配无盐黄油和杏果酱，酸甜的口感与略带苦味的坚果完美组合，风味略显成熟。将面包烤一下，能让坚果的香味更佳。

材料（1份用量）

全麦切片面包（8片装）……2片

无盐黄油……4克

杏酱（参考第18~19页）……25克

焦糖坚果奶油奶酪（参考第39页）……85克

做法

1. 将全麦切片面包稍微烤一下。

2. 一片面包涂上焦糖坚果奶油奶酪，另一片切片面包上涂上无盐黄油后，再涂上一层杏果酱，最后将两片面包重叠在一起。

3. 切掉面包边，切成3等份。

樱桃 ╳ 面包

日本产樱桃的特点是甜度高且口感细腻。制作这款三明治的关键就是多涂抹一些卡仕达酱，不仅能使浓郁的甜味获得加成，还能突出樱桃的独特风味。需要注意的是，樱桃的选择和摆放都会影响横截面的效果。为了美观，请尽可能选择大颗的樱桃。

满满樱桃三明治

材料（1份用量）

切片面包（8片装）……2片
卡仕达酱（参考第34~35页）……30克
马斯卡彭奶酪和鲜奶油（参考第33页）
……20克
樱桃※……11颗
开心果……2克

※ 本次使用的樱桃品种是红秀峰，佐藤锦也可以。

做法

1. 使用樱桃去核器（参考第45页）将樱桃核去掉。每颗樱桃对半切开备用。
2. 在切片面包的一侧涂上卡仕达酱后，把樱桃按右图所示摆放好。沿着切片面包的对角线共摆放9颗樱桃，将对半切好的樱桃放在空隙处。
3. 在另一片一侧涂上马斯卡彭奶酪和鲜奶油，和步骤2中的面包叠在一起。
4. 切掉面包边，沿着对角线切成4等份。
5. 最后撒上适量的开心果碎。

去核后的樱桃纵向切开后会有洞，在摆放樱桃时需要注意，三明治下刀切的方向要和樱桃上的洞垂直（三明治切开后能看到樱桃去核后留下的洞）。

车厘子 ✕ 面包

车厘子不仅颜色深、味道甜,而且里外通红更令横截面看起来有冲击力。使用开心果酱和樱桃白兰地制作而成的卡仕达酱,与车厘子的独特口感相结合,令人入口难忘。与日本产樱桃相比,车厘子能够让人真切地感受到,根据樱桃品种搭配口感更加协调的奶油很重要。

满满车厘子三明治

材料(1份用量)

切片面包(8片装)……2片
开心果卡仕达酱※……30克
马斯卡彭奶酪和鲜奶油(参考第33页)
……30克
车厘子……11颗
开心果……2克

※ 开心果卡仕达酱(方便制作的量)
100克卡仕达酱(参考第34~35页)、10克开心果酱(商店中出售的商品)与5克樱桃白兰地混合而成。

做法

1. 使用车厘子去核器(参考第45页)将核去掉。将两颗车厘子对半切开备用。
2. 在切片面包的一侧涂上开心果卡仕达酱后,把车厘子按如图所示摆放好。沿着切片面包的对角线共摆放9颗车厘子,将对半切好的车厘子放在空隙处。
3. 在另一片一侧涂上马斯卡彭奶酪和鲜奶油,和步骤2的面包组合起来。
4. 切掉面包边,沿着对角线切成4等份。
5. 最后撒上适量的开心果碎。

介绍两种去核的方法:可以直接使用去核器,也可以去蒂后用筷子(粗的一头)对着樱桃顶部凹处直直扎进去。

樱桃 ✕ 牛奶面包

`换种面包！`

樱桃牛奶面包三明治

奶味十足，带有淡淡甘甜的牛奶面包和具有细腻口感的樱桃搭配起来十分协调。使用尚蒂伊鲜奶油是制作这款三明治的关键，这样能更好地衬托出樱桃柔和雅致的口感。

材料（3份用量）

牛奶面包（圆形）……3个（30克/个）
尚蒂伊鲜奶油（参考第32页）……90克
马斯卡彭奶酪和鲜奶油（参考第33页）
……30克
樱桃※……6颗
开心果……2克

※ 本次使用的品种为红秀峰，
也可以用佐藤锦。

做法

1. 使用去核器（参考第45页）将樱桃的核去掉后，对半切开备用。
2. 将牛奶面包斜切开。
3. 将尚蒂伊鲜奶油装入带裱花口的裱花袋里，在牛奶面包中挤上一些后，夹入切好的樱桃。在靠近面包开口的地方摆上3块樱桃，另外1块放到面包里面。
4. 最后撒上适量的开心果碎。

使用了大量牛奶制作而成的面包带有淡淡的甜味。小巧的圆形面包不仅吃起来方便，而且切的时候不费劲。

车厘子 ✕ 布里欧修　　　　　　　

车厘子布里欧修三明治

使用鸡蛋和黄油制作而成的布里欧修和具有浓厚口感的车厘子搭配起来
相得益彰，再搭配放入马斯卡彭奶酪的鲜奶油，即使只是少量也令人无
法忽视，足以成就一道高级的甜点。

材料（3份用量）

布里欧修（厚30毫米薄片）……1片
马斯卡彭奶酪和鲜奶油（参考第33页）
……50克
车厘子……3颗
开心果……2克

做法

1. 使用去核器（参考第45页）将车厘子
   的核去掉后，对半切开备用。

2. 将布里欧修纵向对半切，切面朝上，
   注意不要完全切开。

3. 将马斯卡彭奶酪和鲜奶油装入带裱花
   口的裱花袋里，在切好的面包里各挤
   入一半，并将切好的车厘子摆上去。

4. 最后撒上适量的开心果碎。

虽然小型水果想要在横截
面上完美呈现并不容易，
但直接放在切口的奶油上
就不会失败了。

哈密瓜 ╳ 面包

选取足够多的哈密瓜作为主原料，以奶油为辅增加奶香味，这样的搭配可以品尝到哈密瓜本来的风味。将哈密瓜的用量减少，改用卡仕达酱为辅，就变成类似于哈密瓜蛋糕的味道。这款三明治香味浓郁、新鲜多汁，口感十分奢华。

哈密瓜薄片三明治

材料（1份用量）

切片面包（8片装）……2片

马斯卡彭奶酪和鲜奶油（参考第33页）
……50克（25克+25克）

哈密瓜（薄片／参考第14页的切法）※
……160克

※ 本次使用的是阿露斯网纹哈密瓜，
也可以使用红果肉哈密瓜。

做法

1. 切片面包的一侧涂上25克马斯卡彭奶酪和鲜奶油。
2. 如图所示将哈密瓜摆放在面包上。
3. 在另一片面包一侧涂25克马斯卡彭奶酪和鲜奶油，将两片面包组合起来。
4. 切掉面包边，切成3等份。

摆放哈密瓜薄片的时候要时刻注意下刀切的位置，既重叠又均匀错开地摆成两行，用哈密瓜薄片的边缘填满空隙。

木梳形哈密瓜三明治

材料（1份用量）

切片面包（8片装）……2片
卡仕达酱（参考第34~35页）……25克
马斯卡彭奶酪和鲜奶油（参考第33页）
……40克（15克+25克）
哈密瓜（木梳形半切3片※/参考第14页
的切法）……120克

※ 本次使用的是阿露斯网纹哈密瓜，
也可以使用红果肉的哈密瓜。

做法

1. 切片面包的一侧涂上卡仕达酱，再涂
   上15克马斯卡彭奶酪和鲜奶油。
2. 如图所示将哈密瓜片摆放在面包上。
3. 在另一片面包一侧涂25克马斯卡彭奶
   酪和鲜奶油，将两片面包组合起来。
4. 切掉面包边，切成2等份。

木梳形的哈密瓜切片会一边薄
一边厚。为了避免哈密瓜切片
朝同一方向摆放会不平衡的情
况发生，将哈密瓜切片的厚薄
边交叉摆放，可以使三明治看
起来更加均匀。

桃 ✕ 面包

香甜可口、水分饱满的桃子与松软的面包十分相配。使用足量的卡仕达酱会使桃子温和的口感更为突出。即使用量相同，切法和摆法的不同，给人的感觉也是不一样的。这是一款做好之后会令人不禁大快朵颐，味道卓越的水果三明治。

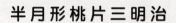

半月形桃片三明治

材料（1份用量）

切片面包（10片装）……2片
卡仕达酱（参考第34~35页）……25克
马斯卡彭奶酪和鲜奶油（参考第33页）
……30克
白桃（参考第12页的切法）
……1/4个（70克）

做法

1. 切片面包的一侧涂上卡仕达酱。
2. 将白桃切成4片，并按图中所示摆放在面包上。
3. 在另一片面包一侧涂马斯卡彭奶酪和鲜奶油，将两片面包叠在一起。
4. 切掉面包边，切成3等份。

将半月形的桃片错开摆放时，切片面包的上下会有空隙，可以用最小的桃片填满。

银杏形桃片三明治

材料（1份用量）

切片面包（10片装）……2片
卡仕达酱（参考第34~35页）……25克
马斯卡彭奶酪和鲜奶油（参考第33页）
……30克
白桃（银杏切/参考第12页的切法）
……1/4个（70克）

做法

1. 切片面包的一侧涂上卡仕达酱。
2. 如图所示将白桃片摆放在面包上。
3. 在另一片面包一侧涂马斯卡彭奶酪和
   鲜奶油，然后将两片面包叠在一起。
4. 切掉面包边，切成3等份。

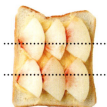

白桃接近果核的部分是红色的，为了使横截面的颜色更加丰富协调，摆放白桃时以横截面能将红色部分显露出来为宜。

桃子 ✕ 面包

夹了大块水果的三明治因视觉冲击力强而十分流行。然而，从口感方面来看，使用切片水果制作更能体现出三明治特有的融合、协调的口感。我在此选取了同等重量但形态不同的大块水果和切片水果进行比较，只有在实际制作和食用时才能发现有哪些不同。

半个桃子三明治

材料（1份用量）

切片面包（8片装）……2片

卡仕达酱（参考第34~35页）……25克

马斯卡彭奶酪和鲜奶油（参考第33页）……40克

白桃（参考第12页的切法）……1/2个（140克）

做法

1. 切片面包的一侧涂上卡仕达酱。

2. 如图所示将白桃摆放在面包上。

3. 在另一片面包一侧涂马斯卡彭奶酪和鲜奶油，然后将两片面包叠在一起。

4. 切掉面包边，切成2等份。

对半切开的白桃在果核的部分会有凹陷，这款三明治制作的关键在于在面包的中央多放一些卡仕达酱填补凹陷，让横截面更加美观。

木梳形桃子三明治

材料（1份用量）

切片面包（8片装）……2片
卡仕达酱（参考第34~35页）……25克
马斯卡彭奶酪和鲜奶油（参考第33页）
……40克
白桃（木梳切/参考第12页的切法）
……1/2个（140克）

做法

1. 将半个白桃切成4等份的木梳形。
2. 切片面包的一侧涂上卡仕达酱。
3. 如图所示将白桃摆放在面包上。
4. 在另一片面包一侧涂马斯卡彭奶酪和
   鲜奶油，然后将两片面包叠在一起。
5. 切掉面包边，切成2等份。

因为桃块有一定高度，所以
摆放桃块的时候，要将白桃
的内侧和外侧相互交叉摆放
在切片面包的中间，这样做
整体更稳定，也更方便切。

桃子梅尔巴风味三明治

桃子梅尔巴是在桃子蜜饯和香草荚冰激凌上淋上覆盆子果酱制作而成的甜点，是由法国著名的美食家奥古斯特·艾斯可菲创造。此款三明治就是将经典的甜点做法应用到了三明治的制作中。这样的思路也可以应用到其他料理的制作中。

材料（1份用量）

切片面包（8片装）……2片
卡仕达酱（参考第34~35页）……30克
马斯卡彭奶酪和鲜奶油（参考第33页）
……25克
白桃罐头（半个）※……1.5块
覆盆子果酱（参考第23页）……15克
杏仁片（烘烤）……3克

※ 可替换成黄桃罐头或者黄桃蜜饯
（参考第27页）。

做法

1. 将半个罐头装的白桃切成4等份的木梳形。
2. 切片面包的一侧涂上卡仕达酱。
3. 如图所示将白桃摆放在面包上。在白桃的空隙间涂上覆盆子果酱，然后撒上磨碎的烤杏仁片。
4. 在另一片面包一侧涂马斯卡彭奶酪和鲜奶油，然后将两片面包叠在一起。
5. 切掉面包边，切成3等份。

黄桃、菠萝和樱桃制作而成的纺锤面包

是日本昭和年代的复古水果三明治，用纺锤面包制作而成。红红的樱桃
看起来十分可爱。我特意选取了多种水果罐头，打造出一种令人怀念的
味道。

材料（1份用量）

纺锤面包……1个（35克）
卡仕达酱（参考第34~35页）……50克
马斯卡彭奶酪和鲜奶油（参考第33页）
……40克
黄桃罐头（半个黄桃）……1/2个
菠萝罐头（切片）……1/3片
樱桃罐头……1粒

做法

1. 将半个装的黄桃（罐头）切成木梳形的
   4等份，再将菠萝（罐头）对半切开。
2. 从正上方将纺锤面包切开。
3. 将卡仕达酱和马斯卡彭奶酪及鲜奶油
   装入带裱花口的裱花袋里，并分别挤
   在切好的面包上。
4. 如图所示，在卡仕达酱和马斯卡彭奶
   酪及鲜奶油的中间夹入黄桃，将菠萝
   和樱桃摆在正中间。

杧果 ✕ 面包

与其他水果不同，杧果凭借特有的甜味和浓郁的芳香，和面包组合在一起有强烈的存在感。味道自不必说，令人印象深刻的鲜艳金黄色与白色的面包色彩协调、对比鲜明。

对半切杧果三明治

材料（1份用量）

切片面包（8片装）……2片
马斯卡彭奶酪和鲜奶油（参考第33页）
……45克（20克+25克）
杧果（参考第15页切法）……85克

做法

1. 切片面包的一侧涂上20克马斯卡彭奶酪和鲜奶油。
2. 如右图所示，将杧果放在切片面包的中心位置，并将小块杧果摆放在空隙处。
3. 另一片面包一侧涂25克马斯卡彭奶酪和鲜奶油，然后将两片面包叠在一起。
4. 切掉面包边，切成2等份。

将大块的杧果夹入面包中，在品尝杧果独特的软糯口感的同时，还能感受到杧果多汁的特点。如果想杧果的特点，我尤为推荐这款三明治。

杧果片三明治

材料（1份用量）

切片面包（8片装）……2片
卡仕达酱（参考第34~35页）……25克
马斯卡彭奶酪和鲜奶油（参考第33页）
……25克
杧果（参考第15页切法）……85克

做法

1. 切片面包的一侧涂上卡仕达酱。
2. 如图所示将杧果片摆放在面包上，注意下刀切的位置。
3. 在另一片面包一侧涂马斯卡彭奶酪和鲜奶油，然后将两片面包叠在一起。
4. 切掉面包边，切成3等份。

因为杧果片切得比较厚，所以可以真切地品尝到杧果的多汁口感。同时，均匀摆放的杧果片，使得每一口都能品尝到杧果和面包的双重口感，令人十分满足。

猕猴桃 ✕ 面包

猕猴桃的鲜绿色和面包与奶油的白色相互呼应，即使只用猕猴桃这一种水果也能做出漂亮的三明治。猕猴桃的质地既不过硬也不过软，与面包很搭，而且一年四季都容易买到。

满满猕猴桃三明治

材料（1份用量）

切片面包（8片装）……2片
马斯卡彭奶酪和鲜奶油（参考第33页）
……50克（25克+25克）
猕猴桃……1个

做法

1. 将猕猴桃去皮，然后垂直切成两半。再对半切（参考第17页切法）。
2. 在切片面包的一侧涂上25克马斯卡彭奶酪和鲜奶油。
3. 如图所示，将猕猴桃摆放在面包上。
4. 在另一片面包一侧涂上25克马斯卡彭奶酪和鲜奶油，然后将两片面包合在一起。
5. 切掉面包边，切成2等份。

将半颗猕猴桃放在中央，在两侧各放1/4颗猕猴桃。

猕猴桃切片三明治

材料（1份用量）

切片面包（8片装）……2片

马斯卡彭奶酪和鲜奶油（参考第33页）
……50克（25克+25克）

猕猴桃……1个

做法

1. 将猕猴桃去皮，切成6片（参考第17页切法）。

2. 在切片面包的一侧涂上25克马斯卡彭奶酪和鲜奶油。

3. 如图所示，将猕猴桃摆放在面包上。

4. 将25克马斯卡彭奶酪和鲜奶油涂在另一片切片面包的一侧，两片面包合在一起。

5. 切掉面包边，将其沿着对角线斜切成4等份。

将猕猴桃片中最大的一片放在中间，再将4片猕猴桃放在角落，将最小的一片4等分，放在间隙中。

无花果 ✕ 面包

柔软多汁的无花果与面包和大量奶油搭配效果最好，入口即化的细腻口感令人印象深刻。无花果和卡仕达酱搭配则像西式甜点，而与豆馅或芝麻搭配更有和果子的感觉，不管哪一种搭配都令人无限向往。

半切无花果三明治

材料(1份用量)

切片面包（8片装）……2片

马斯卡彭奶酪和鲜奶油（参考第33页）
……25克

卡仕达酱（参考第34~35页）……25克

无花果……1个

做法

1. 剥去无花果的皮，垂直切成两半。

2. 在切片面包的一侧涂上卡仕达酱。

3. 如图所示，将无花果放在面包上。

4. 在另一片面包上涂上马斯卡彭奶酪和
   鲜奶油，然后将两片面包合在一起。

5. 切掉面包边，切成2等份。

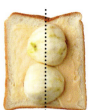

摆放时，要左右交替摆放半切无花果，保持平衡感。半切无花果要剥皮。即使用大块无花果，也可以享受无花果柔软的口感。

无花果切片三明治

材料（1份用量）

切片面包（10片装）……2片
马斯卡彭奶酪和鲜奶油（参考第33页）
……45克（20克+25克）
卡仕达酱（参考第34~35页）……20克
无花果……1个

做法

1. 将无花果连皮切成5片。
2. 在切片面包的一侧涂上卡仕达酱，然后涂上20克马斯卡彭奶酪和鲜奶油。
3. 如图所示，将无花果放在面包上。
4. 将25克马斯卡彭奶酪和鲜奶油涂在另一片面包的一侧，然后将两片面包合在一起。
5. 切掉面包边，切成3等份。

如果要将无花果切片，最好带着果皮，这样切开时，无花果不容易被捏烂。

无花果加马斯卡彭奶酪芝麻奶油和风三明治

无花果与和风食材搭配得很好，因此建议将其与豆馅和芝麻搭配使用。
果酱可以补足无花果的清淡甜味，与红豆馅的契合度更好。无花果与马斯卡彭奶酪芝麻奶油搭配起来，让甜点更美味。

材料（1份用量）

切片面包（8片装）……2片
无花果（剥皮，12毫米厚的切片）……4片
红豆馅（市售）……50克
马斯卡彭奶酪芝麻奶油（参考第38页）
……25克
无花果酱（参考第22页）……20克
粗磨白芝麻……少许

做法

1. 将马斯卡彭奶酪芝麻奶油涂在切片面包的一侧。

2. 如图所示，在面包上摆放无花果，在无花果的空隙中填入无花果酱。

3. 在另一块切片面包上涂抹红豆馅，然后将两片面包合在一起。

4. 切掉面包边，切成3等份。在面包表面上撒上白芝麻。

无花果和布里亚-萨瓦兰布里欧修三明治

无花果酱和新鲜的无花果不同，更能凸显浓厚的风味。无花果与奶酪搭配得很好，与布里亚-萨瓦兰奶酪搭配时口感尤其精致，和使用了足量鸡蛋和黄油的布里欧修搭配，口感也更丰富。

材料（1份用量）

布里欧修……1个
无花果酱（参考第22页）
……20克（15克+5克）
布里亚-萨瓦兰奶酪※
……20克（15克+5克）
无盐黄油……5克
杏仁片（烘烤）……2克

※ 是一种法式鲜奶酪，酸味清新、口感顺滑，尝起来像奶酪蛋糕。如果很难买到，可以使用奶油奶酪代替。

做法

1. 将布里欧修上面和下面的圆形部分切开，再分别斜切。
2. 在布里欧修的内部涂上无盐黄油，然后将切成薄片的布里亚-萨瓦兰奶酪和无花果酱夹在中间。在下面的圆形部分各涂15克，在上面的圆形部分涂5克。
3. 在表面上撒杏仁片碎。

葡萄 ✕ 面包

葡萄的魅力在于一口吃得下，可以将整颗葡萄用于制作三明治。近年来，葡萄中出现了可以连皮一起吃的新品种，其中阳光玫瑰葡萄因粒大和甜味强非常受欢迎。如果喜欢果香，可以将其与马斯卡彭奶酪和鲜奶油一起使用。

阳光玫瑰葡萄三明治

材料（1份用量）

切片面包（8片装）……2片
马斯卡彭奶酪和鲜奶油（参考第33页）
……45克（20克+25克）
阳光玫瑰葡萄……8粒

做法

1. 在切片面包的一侧涂上20克马斯卡彭奶酪和鲜奶油。
2. 如图所示，在切片面包上放上阳光玫瑰葡萄。
3. 在另一片面包一侧涂上25克马斯卡彭奶酪和鲜奶油，然后将两片面包合在一起。
4. 切掉面包边，切成3等份。

阳光玫瑰葡萄的横截面为圆形。摆放时将葡萄上下交替排列。

半月形阳光玫瑰葡萄三明治

材料(1份用量)

切片面包（8片装）……2片
马斯卡彭奶酪和鲜奶油（参考第33页）
……45克（20克+25克）
阳光玫瑰葡萄……4粒

做法

1. 将阳光玫瑰葡萄垂直切成两半。
2. 在切片面包的一侧涂上20克马斯卡彭奶酪和鲜奶油。
3. 如图所示，将葡萄摆放在切片面包上。
4. 将25克马斯卡彭奶酪和鲜奶油涂在另一片切片面包的一侧，和步骤3中的面包合在一起。
5. 切掉面包边，切成3等份。

将葡萄摆放在面包上时，需要根据葡萄的长度和宽度决定摆放方向。因为这种切片面包竖向长、横向窄，所以葡萄要纵向排列。

葡萄 ✕ 面包

长野珍珠和阳光玫瑰三明治

这是专为喜欢葡萄的人准备的三明治，使用了黑色的长野珍珠和绿色的阳光玫瑰两种葡萄。黑色和绿色的葡萄交替，我们可以欣赏横截面的色彩变化。马斯卡彭奶酪和鲜奶油搭配卡仕达酱，使三明治的甜味更出众。

材料（1份用量）

切片面包（10片装）……2片
卡仕达酱（参考第34~35页）……30克
马斯卡彭奶酪和鲜奶油（参考第33页）
……30克
长野珍珠※……6粒
阳光玫瑰……4粒

※ 可以用巨峰或黑葡萄等大粒葡萄替代。

做法

1. 将一粒长野珍珠纵切成4等份。
2. 在切片面包的一侧涂上卡仕达酱。
3. 如图所示，在面包中摆放长野珍珠和阳光玫瑰。
4. 在另一块切片面包的一侧涂上马斯卡彭奶酪和鲜奶油，和步骤3中的面包合在一起。
5. 切掉面包边，将其沿对角线斜切成4等份。

葡萄干黄油黑麦三明治

葡萄干有着与新鲜葡萄不同的独特魅力。夹着大量葡萄干黄油的三明治味道浓厚，最好搭配烤过的黑麦切片面包，具有独特的成熟风味，和咖啡或洋酒搭配最相宜。

材料（1份用量）

黑麦切片面包（12片装）……2片
白巧克力风味葡萄干黄油
（参考第39页）…… 80克

做法

1. 将黑麦切片面包稍微烘烤。
2. 在烘焙过的面包上涂上白巧克力风味葡萄干黄油，然后与另一片黑麦切片面包组合。
3. 切掉面包边，切成4等份。

※ 让白巧克力风味葡萄干黄油恢复至室温，涂抹在切片面包上，用保鲜膜包好，然后在冰箱中冷藏，变硬后就好切了。密封得很好的话，冷冻保存也可以。

柑橘 ✕ 面包

蜜柑、橙子和柠檬等更显柑橘个性的柑橘类水果，不仅可以用于制作甜系三明治，而且可以广泛应用于制作正餐。不仅是新鲜的水果、罐头、果酱，陈皮也可以使用。根据加工方法的不同，成品的口味也不同。

蜜柑三明治

材料（1份用量）

切片面包（8片装）……2片
马斯卡彭奶酪和鲜奶油（参考第33页）
……40克（20克+20克）
蜜柑……1.5个

做法

1. 将蜜柑去皮，使用3个半切蜜柑，其中一个按瓣分开。
2. 在切片面包上涂20克马斯卡彭奶酪和鲜奶油。
3. 如图所示，将蜜柑在切片面包上摆好。
4. 在另一片切片面包的一侧上涂20克马斯卡彭奶酪和鲜奶油，然后与步骤3中的面包组合。
5. 切掉面包边，切成2等份。

大胆地放上甘甜多汁的蜜柑。半切蜜柑的扇形横截面也很新鲜。

甘夏三明治

材料（1份用量）

切片面包（8片装）……2片

奶油奶酪……35克

橘皮果酱……25克

甘夏罐头……6瓣（75克）

开心果……2克

做法

1. 将奶油奶酪和橘皮果酱轻轻搅拌混合。
2. 将步骤1的一半量涂在切片面包的一侧。
3. 如图所示，在抹好的切片面包上摆放沥干水分的甘夏。
4. 将步骤1的一半量涂在另一片切片面包的一侧，并与步骤3中的面包组合。
5. 切掉面包边，切成3等份，然后撒上开心果碎，完成。

放入新鲜甘夏罐头和橘皮果酱的奶油奶酪更具成熟风味，超乎想象地美味，与红茶搭配食用更为相宜。

橙子和烟熏三文鱼黑麦三明治

在黑麦切片面包上涂上奶油奶酪，再放上烟熏三文鱼，这本身就是美味的经典组合。在面包中加入橙子可以增加多汁感和清爽的气味，味道更为上乘。

材料(1份用量)

黑麦切片面包（12片装）……3片

奶油奶酪……30克

橘皮果酱……20克

无盐黄油……15克（每份5克）

橙子（剥皮）……6瓣（60克）

烟熏三文鱼……40克

红叶生菜（或绿叶生菜）……6克

蛋黄酱……3克

橙皮（擦碎）……少许

做法

1. 削去橙子皮，按瓣分开取出果肉（见第13页的切法）。

2. 轻轻将奶油奶酪和橘皮果酱混合。

3. 在黑麦切片面包的一侧涂抹上步骤2之中的成品。

4. 如图所示，将橙子瓣摆放在涂抹好的面包上。

5. 在另一片黑麦切片面包的一侧涂5克无盐黄油，然后与步骤4中的面包组合。

6. 在步骤5的成品上涂抹5克无盐黄油，然后在上面摆放烟熏三文鱼。在烟熏三文鱼上挤3克蛋黄酱，并摆放红叶生菜。

7. 在最后一片黑麦切片面包的一侧涂5克无盐黄油，然后与步骤6的成品组合。

8. 切掉面包边，切成3等份，然后撒上橙皮碎。

火腿和米莫雷特奶酪柠檬三明治

将柠檬凝乳添加到火腿和奶酪的简单组合中，清爽的酸度和浓郁的味道
提升了面包和火腿的味道，让经典三明治变得更时尚。

材料（1份用量）

法式乡村面包（12毫米切片）……2片（56克）
无盐黄油……4克
芝麻菜……6克
火腿……25克
蛋黄酱……5克（3克+2克）
米莫雷特奶酪……10克
柠檬片（参考第36~37页）……25克

做法

1. 在法式乡村面包的一侧涂上无盐黄油，然后放上芝麻菜，再在芝麻菜上挤3克蛋黄酱，并在上面放火腿。

2. 在步骤1的成品上用2克蛋黄酱画线，并在蛋黄酱上放切成薄片的米莫雷特奶酪。

3. 在另一片法式乡村面包的一侧涂满柠檬凝乳，然后与步骤2中的成品组合。

香蕉 ╳ 面包

软糯且甜味浓厚的香蕉即使夹在面包中，也具有很强的风味。香蕉不仅可以与基础奶油搭配组成甜系三明治，而且可以与培根和绿霉奶酪搭配，很新鲜。

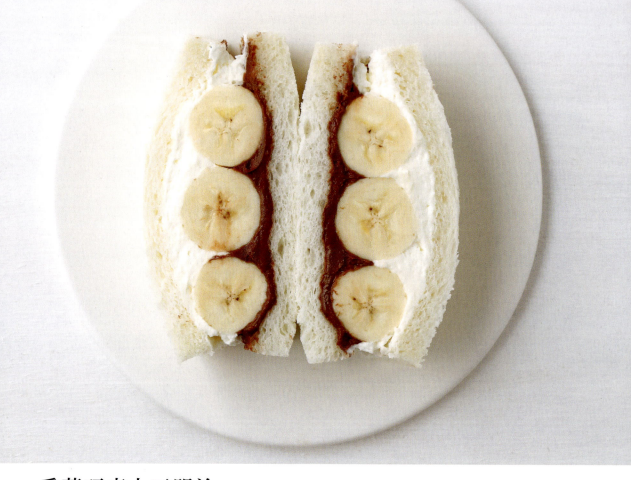

香蕉巧克力三明治

材料（1份用量）

切片面包（8片装）……2片
焦糖坚果巧克力酱（参考第41页）
……30克
马斯卡彭奶酪和鲜奶油（参考第33页）
……30克
香蕉（半切）……1.5根

做法

1. 在切片面包的一侧涂上焦糖坚果巧克力酱，然后如图所示再放上切好的香蕉。

2. 在另一片切片面包上涂上马斯卡彭奶酪和鲜奶油，然后与步骤1中的成品组合。

3. 切掉面包边，切成2等份。

将香蕉交替放在面包上。也可以用卡仕达酱代替焦糖坚果巧克力酱。

坚果酱 ╳ 全麦切片面包

这是美国儿童经常吃的午餐，缩写为PB&J（花生酱和果冻果酱三明治），是美国家庭中最常制作的三明治。建议使用可突出质地的颗粒型花生酱。

花生酱和草莓果酱三明治

材料（1份用量）

全麦切片面包（8片装）……2片
花生酱（市售／颗粒型）……40克
草莓果酱（参考第22页）……40克

做法

1. 在全麦切片面包的一侧涂上花生酱。
2. 在另一片全麦切片面包的一侧涂上草莓酱，然后与涂满花生酱的全麦切片面包组合。
3. 如右图所示切成4等份。

PB&J中的J是果冻果酱的意思。果冻果酱是由果汁制成的不含固体成分的果酱。在美国，制作此种类型的三明治时，除了草莓果酱，还经常使用葡萄果冻果酱。

杏仁酱和香蕉无花果酱三明治

可以用杏仁酱替换花生酱，用无花果酱替换草莓果酱，二者搭配香蕉更为
契合。厚香蕉片的软糯和甜香令人印象深刻，吃起来很令人满足。

材料（1份用量）

全麦切片面包（8片装）……2片
杏仁酱（参考第41页）……35克
香蕉（10毫米切片）……6片
草莓果酱（参考第22页）……50克

做法

1. 将杏仁酱涂在全麦切片面包的一侧，
   如右图所示将香蕉摆放在上面。
2. 将草莓果酱涂在另一片全麦切片面
   包的一侧，然后与步骤1中的面包
   组合。
3. 切掉面包边，切成3等份。

香蕉、花生酱和培根热三明治

培根、香蕉和花生酱是经典的美式三明治组合，据说"猫王"也非常喜欢，所以被称为"猫王三明治"。在三明治中建议添加PB＆J元素，重点增强果酱的酸味和甜味。

材料（1份用量）

全麦切片面包（8片装）……2片
花生酱（市售/颗粒型）……30克
西梅果酱（参考第20页）……25克
培根……2片
香蕉（10毫米切片）……9片

做法

1. 将培根切成两半，然后在煎锅中煎烤两面。
2. 在全麦切片面包的一侧涂上西梅果酱，然后将培根放在上面，如图所示，在培根上排列香蕉。
3. 在另一片全麦切片面包的一侧涂花生酱，然后与步骤2中的面包组合。
4. 用还带余热的烤面包机压一下，将步骤3中的成品烤至焦黄色，然后切成两半。

苹果 ╳ 全麦切片面包

苹果酸甜适中，无论是新鲜的还是经过加工的，都有自己独特的味道。甜味系的苹果和火腿、奶酪搭配起来非常好，是制作三明治的推荐水果。首先，我们先用新鲜苹果来感受一下。

薄切苹果和焦糖坚果奶酪三明治

材料（1份用量）

全麦切片面包（8片装）……2片

焦糖坚果奶油奶酪（参考第39页）
……50克

卡仕达酱（参考第34～35页）……25克

苹果 ※（3毫米厚的半月形切片）
……6片（约75克）

※ 这里使用的是红金，酸甜适中。

做法

1. 将全麦切片面包烤至焦黄色。

2. 如图所示，在全麦切片面包的一侧涂上卡仕达酱，然后在上面摆放苹果片。

3. 在另一片全麦切片面包上涂上焦糖坚果奶油奶酪，然后与步骤2中的成品组合。

4. 切掉面包边，切成3等份。

如果将苹果切成半月形，三明治的横截面就会精美漂亮。如果使用带皮的苹果，一眼就能看出使用的水果种类。

洋梨 ╳ 面包

洋梨香气浓郁，果实成熟后会更甜，质地更柔软。如果想做三明治，比起切成薄片，切成大块更能凸显洋梨的味道。无论是新鲜的还是加工的洋梨，都有各自的味道。

洋梨三明治

材料（1份用量）

切片面包（10片装）……2片
卡仕达酱（参考第34~35页）……30克
马斯卡彭奶酪和鲜奶油（参考第33页）
……30克
洋梨（8等分，切成木梳形）
……3块（约65克）

做法

1. 在切片面包上涂上卡仕达酱，然后如图所示在切片面包上放上洋梨块。
2. 在另一片切片面包上涂上马斯卡彭奶酪和鲜奶油，然后与步骤1中的成品组合。
3. 切掉面包边，切成3等份。

洋梨有硬核，因此有去芯器会更方便。成熟的洋梨比较柔软，最好轻拿轻放。

洋梨块要交替摆放，这样才有平衡感。

烤苹果片红葡萄干三明治

烧苹果片，就是在苹果片上抹黄油，然后轻轻烘烤即可。制作时，使用红玉或红金比较好，酸甜适中，果皮颜色美丽。这样的搭配虽然简单，但可以用杏仁和红葡萄干点缀。

材料（1份用量）

红葡萄干切片面包（12毫米切片）
……2片（60克）
杏仁酱（参考第41页）……25克
烤苹果片※……63克
无盐黄油……4克
蜂蜜……5克

※ 将半个苹果切成新月形薄片（参考第16页的切法），然后放在托盘中。将15克无盐黄油切成10毫米见方的正方形，放在苹果片上，然后用烤箱的余热烘烤约3分钟。

做法

1. 将杏仁酱涂在红葡萄干切片面包的一侧，如图所示将烤好的苹果片排成一排，然后淋上蜂蜜。
2. 在另一片红葡萄干切片面包的一侧涂上无盐黄油，然后与步骤1中的成品组合。
3. 切成3等份。

洋梨和生火腿长棍三明治

洋梨和生火腿、蓝纹奶酪都适合搭配。无论在什么季节，梨罐头都方便
使用。以蓝纹奶酪为点缀，辅以无花果酱，简单的生火腿三明治就变成
了美味的三明治，与美酒搭配起来最合适。

材料（1份用量）

法式长棍面包※……1个（50克）

无盐黄油……16克

洋梨罐头（半个）……1块

生火腿（意大利熏火腿）……1片

芝麻菜……4克

无花果酱（参考第22页）……15克

蓝纹奶酪※※……10克

※ 这里使用的是小型法式长棍面包，
用法式长条面包也行。

※※ 这里使用的是奥弗涅蓝纹奶酪。
戈贡佐拉奶酪和昂贝尔圆柱形奶酪等温
和的奶酪也比较合适。

做法

1. 将法式长棍面包从侧面切开，然后在里
   面涂抹无盐黄油。

2. 将芝麻菜、生火腿和梨片按顺序放入，
   切成4等份。

3. 最后，将无花果酱和小块蓝纹奶酪夹在
   面包中间。

栗子 ✕ 面包

在与面包搭配得很好的坚果中，栗子可能是最具季节代表性的。如果来不及吃新鲜的栗子，就需要花费一些时间来加工备用，但其美味别具一格。用栗子涩皮煮制作的特殊三明治，一定要尝试一下。

满满栗子三明治

材料（1份用量）

切片面包（8片装）……2片

栗子奶油（市售）……20克

马斯卡彭奶酪和鲜奶油（参考第33页）
……50克（25克+25克）

栗子涩皮煮（参考第30~31页）……5个

做法

1. 将栗子奶油涂在切片面包的一侧，再涂上25克马斯卡彭奶酪和鲜奶油。

2. 如右图所示，将栗子涩皮煮放在抹好的面包上。

3. 在另一片切片面包上涂抹25克马斯卡彭奶酪和鲜奶油，然后与步骤2的成品组合。

4. 切掉面包边，将其沿对角线斜切成4等份。

为了最大程度地增加栗子涩皮煮的魅力，要将栗子摆放在下刀切的位置上，以在横截面上反映出来。如果栗子大小不一，就要将最大的栗子放在面包中间。

坚果 ╳ 面包

烘烤坚果和面包的组合虽然朴素，但香味浓厚，配以焦糖坚果奶油奶酪或用蜂蜜腌制的坚果，可以制成诱人的三明治。

脆脆坚果三明治

材料（1份用量）

切片面包（8片装）……2片
焦糖坚果奶油奶酪（参考第39页）……85克
卡仕达酱（参考第34~35页）……30克

做法

1. 在切片面包一侧涂上焦糖坚果奶油奶酪。
2. 在另一片切片面包的一侧涂上卡仕达酱，然后与步骤1中的面包组合。
3. 切掉面包边，切成3等份。

用巧克力奶油酱（参考第40页）代替卡仕达酱也很美味。如果使用巧克力奶油酱的话，最好使用全麦切片面包。

栗子馅三明治

使用栗子涩皮煮制成，类似于蛋糕的三明治。碎栗子馅的口感很新奇。
在制作时一起使用栗子奶油和卡士达酱的话，味道更浓郁。

材料（1份用量）

切片面包（10片装）……2片
卡士达酱（参考第34~35页）……15克
栗子涩皮煮（参考第30~31页）
……2个（60克）
栗子奶油（市售）……30克
蝴蝶酥（市售派类点心）……8克

做法

1. 在切片面包的一侧涂上卡士达酱，
   然后放上切碎的栗子涩皮煮和切碎
   的蝴蝶酥。

2. 在另一片切片面包上涂上栗子奶油，
   然后与步骤1中的成品组合。

3. 切掉面包边，切成3等份。

蜜渍坚果和奶油奶酪贝果三明治

贝果三明治主要使用蜜渍坚果，会用到大量奶油奶酪和无盐黄油。黑胡椒的点缀让三明治有了一种成熟的味道。

材料（1份用量）

贝果（扁平）……1个（100克）

奶油奶酪……50克

蜜渍坚果（参考第11页）……80克

无盐黄油……10克

黑胡椒……适量

做法

1. 在奶油奶酪中加入粗磨黑胡椒并混合。

2. 从侧面将贝果切两半。

3. 在贝果的底面涂上步骤1的成品，然后放蜜渍坚果。

4. 在贝果的上侧涂抹无盐黄油，然后与步骤3中的成品组合。在贝果三明治表面撒上粗磨黑胡椒。

牛油果 ╳ 面包

牛油果三明治深受女性欢迎，横截面为渐变绿色，令人印象深刻。
为了凸显牛油果的美味，可以在三明治中用柠檬或酸橙、食盐、白
胡椒来调味。

牛油果片三明治

材料（1份用量）

切片面包（12片装）……2片
无盐黄油……5克
柠檬凝乳（参考第36~37页）……15克
牛油果……0.5个（60克）
柠檬汁……少许
食盐……少许
白胡椒……少许

做法

1. 横向将牛油果切成薄片（请参考第15
   页的切法），放在托盘上，撒上食盐、
   白胡椒和柠檬汁调味。
2. 在切片面包的一侧涂上无盐黄油，如
   图所示，将牛油果片按顺序一边各放
   一半。
3. 将柠檬凝乳抹在另一片切片面包上，
   然后与步骤2中的成品组合。
4. 切掉面包边，切成3等份。

用食盐和白胡椒来凸显牛油
果本来的味道，而且和酸味
清爽且浓郁的柠檬凝乳的组
合很新鲜。

牛油果酱和奶油奶酪三明治

由牛油果制成的牛油果酱是墨西哥的典型美食。虽然压碎牛油果并制成糊状也很美味，但在制作三明治时建议切碎，这样口感更好。牛油果酱与奶油奶酪十分相得益彰，横截面也十分精美。

材料（1份用量）

全麦切片面包（10片装）……2片
奶油奶酪……25克
牛油果酱※……90克
无盐黄油……5克

※ 牛油果酱（方便制作的分量）
将1个牛油果（135克）去核、去皮并切碎。将20克酸橙汁、25克紫洋葱（切碎）、40克番茄（粗切）、3克香草荚（切碎）和切碎的牛油果混合在一起，加入食盐和白胡椒调味。

做法

1. 先在全麦切片面包的一侧涂上奶油奶酪，然后涂上牛油果酱。
2. 将无盐黄油涂在另一片全麦切片面包的一侧，然后与步骤1中的成品组合。
3. 切掉面包边，切成3等份。

牛油果和三文鱼黑麦三明治

牛油果和海鲜是很好的组合，通过添加柠檬的酸味和香草荚的香气，与
黑麦切片面包的味道达到平衡。它适合与白葡萄酒或果味啤酒同食，是
一款适合成年人的三明治。

材料(1份用量)

黑麦切片面包（12片装）……2片
芥末奶油奶酪※……20克
牛油果……0.5个（60克）
烟熏三文鱼……30克
无盐黄油……9克（每份3克）
莳萝……少许
柠檬皮（擦碎）……少许
柠檬汁……适量
食盐……少许
白胡椒……少许

※ 奶油奶酪：芥末＝10：1，将两者按
此比例混合。

做法

1. 将牛油果纵切成薄片（参考第15页的切法），放在托盘上，撒上食盐、白胡椒和柠檬汁调味。

2. 在黑麦切片面包的一侧涂抹芥末奶油奶酪，如图所示将步骤1的成品放上。

3. 在黑麦切片面包的一侧涂3克无盐黄油，然后与步骤2的成品组合。

4. 在步骤3的成品面包的一侧涂上3克无盐黄油，然后放上烟熏三文鱼，最后放莳萝叶和柠檬皮。

5. 在另一片黑麦切片面包的一侧涂3克无盐黄油，然后与步骤4的成品组合。

6. 切掉面包边，切成3等份。

牛油果大虾可颂三明治

可颂面包和无盐黄油、牛油果最为搭配，添加大虾后更显味道丰满，
而且添加酸橙皮的清爽气味，让三明治的味道更好了。

材料（1份用量）

可颂面包……1个（40克）

无盐黄油……5克

蛋黄酱……2克

牛油果酱（参考第111页）……25克

奶油奶酪……25克

红叶生菜（或绿叶生菜）……10克

剥皮虾（水煮）……20克

酸橙皮（擦碎）……少许

做法

1. 将牛油果酱和奶油奶酪混合。

2. 从可颂面包的侧面切一个缺口，然后在里面涂抹无盐黄油。

3. 将红叶生菜夹在可颂面包中，然后将步骤1的成品涂抹上，再涂上蛋黄酱，然后放上剥皮的虾。

4. 在可颂面包上撒酸橙皮碎，完成。

浆果 ✕ 面包

无论是新鲜的浆果还是浆果酱，都与面包非常搭配。不过蓝莓果粒小，如果要做出好看的横截面，就需要仔细摆放。制作三明治时，不仅可以用新鲜的水果，即使使用果酱，也能凸显食材。

满满蓝莓三明治

材料(1份用量)

切片面包（10片装）……2片
蓝莓果酱+奶油奶酪（参考第25页）
……80克（40克+40克）
蓝莓……22粒

做法

1. 在切片面包的一侧涂上40克蓝莓果酱+奶油奶酪。
2. 如图所示将蓝莓摆放在抹好的面包上。
3. 在另一片面包上涂40克蓝莓果酱+奶油奶酪，然后与步骤2中的面包组合。
4. 切掉面包边，然后切成3等份。

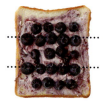

在切的位置上各摆放5粒蓝莓，同时在面包边缘摆放4粒蓝莓。在切的位置上摆放的蓝莓要大粒的，这样横截面会很漂亮。

浆果 ✕ 面包 + **食材改造!**

覆盆子奶酪蛋糕三明治

奶酪蛋糕和覆盆子搭配在一起真是太棒了!酸甜的覆盆子十分美味,可以搭配试试。也可以用巧克力代替奶酪蛋糕,搭配饼干碎也十分不错。

材料(1份用量)

切片面包(10片装)……2片
覆盆子果酱(参考第23页)……20克
奶酪蛋糕(市售/10毫米厚切片)……40克
马斯卡彭奶酪和鲜奶油(参考第33页)
……40克(15克+25克)
覆盆子……9粒

做法

1. 在切片面包的一侧涂上覆盆子果酱。
2. 将烤好的奶酪蛋糕放在涂抹好的面包上。将15克马斯卡彭奶酪和鲜奶油放入裱花袋中。
3. 如图所示,将覆盆子放在步骤2的成品上。在切的位置上摆放8粒覆盆子,并让覆盆子的中心孔垂直于切的方向。将剩余的1粒覆盆子分成3块,摆放在两列覆盆子之间。
4. 在另一片切片面包上涂25克马斯卡彭奶酪和鲜奶油,然后与步骤3中的成品组合。
5. 切掉面包边,然后切成3等份。

蓝莓奶油奶酪贝果三明治

贝果、蓝莓和奶油奶酪的搭配绝对是完美的。在软糯的贝果和浓厚的奶油奶酪中，新鲜的蓝莓爆发出味道，非常让人开心，也非常值得推荐。

材料（1份用量）

贝果（扁平）……1个（100克）
蓝莓果酱+奶油奶酪（参考第25页）
……80克（40克+40克）
蓝莓……20粒

※ 换成蓝莓干，味道会更好。

做法

1. 从侧面将贝果切成两半。
2. 在贝果的横截面上各涂40克蓝莓果酱＋奶油奶酪。
3. 在步骤2的成品上放上蓝莓，盖上上面的贝果，然后对半切。

巧克力浆果法式长棍面包三明治

夹着巧克力的法式长棍面包三明治是法国儿童的经典糕点。但是，当搭配无盐黄油和覆盆子果酱时，它也是成人的甜点。如果使用牛奶巧克力，三明治味道更为温和，如果使用黑巧克力，味道则更显成熟。

材料(1份用量)

法式长棍面包……1/3根（80克）
无盐黄油……8克
板状巧克力……40克
覆盆子果酱（参考第23页）……25克
开心果……2克

做法

1. 将法式长棍面包从侧面切开，然后在里面涂抹无盐黄油。
2. 将板状巧克力切成容易夹住的大小，放入法式长棍面包中，然后在巧克力上涂抹覆盆子果酱。
3. 在三明治上放上切碎的开心果。

※ 可以只添加巧克力奶油酱＋覆盆子果酱（参考第41页）。

和风组合 草莓 ╳ 面包 + 和风食材

草莓大福风点心三明治

草莓三明治是和风经典佳肴，有着令人愉悦的咀嚼感，与咖啡和茶搭配起来极好。即使是少量的草莓也能令人心满意足，而且草莓是各年龄段的人所喜爱的美食。也可以使用其他水果。

材料（1份用量）

切片面包（10片装）……2片
红豆馅……40克
牛皮糖片（市售冷冻食品）※
……1/3片（10克）
马斯卡彭奶酪和鲜奶油（参考第33页）
……40克（15克+25克）
草莓……3颗

※ 也可以用涮火锅的切片年糕代替。
在600瓦的微波炉中加热30秒使其变软即可。

做法

1. 将红豆馅涂在切片面包的一侧，然后将解冻的牛皮糖放在红豆馅上。

2. 在步骤1的成品上涂抹15克马斯卡彭奶酪和鲜奶油，如图所示将草莓垂直切成两半，然后放在抹好的切片面包上。

3. 在另一片面包上涂25克马斯卡彭奶酪和鲜奶油，然后与步骤2的成品组合。

4. 切掉面包边，切成3等份。

杏和白色豆馅点心三明治

甜酸的杏和白豆馅是很好的搭配组合。在杏上面涂抹杏酱，杏的香气和
风味会更好地凸显出来。杏和带着芝麻香味的马斯卡彭奶酪芝麻奶油搭
配起来十分绝妙，是一种具有怀旧情怀的新味道。

材料（1份用量）

切片面包（10片装）……2片

白色豆馅……50克

牛皮糖片（市售冷冻食品）※

……1/3片（10克）

杏（罐头）……4个

杏酱（参考第18~19页）……15克

马斯卡彭奶酪芝麻奶油（参考第38页）

……25克

粗磨白芝麻……少许

※ 也可以用涮火锅用的切片年糕代替。在
600瓦的微波炉中加热30秒使其变软即可。

做法

1. 在切片面包的一侧涂上白色豆馅，然后将
   解冻的牛皮糖放在上面。

2. 如图所示，将杏放在步骤1的成品上面，
   然后将杏酱涂在杏上。

3. 在另一片切片面包上涂抹马斯卡彭奶酪芝
   麻奶油，然后与步骤2的成品组合。

4. 切掉面包边，切成3等份。在三明治表面
   上撒上粗磨白芝麻。

03

将水果

涂在面包上

橘子 ✕ 面包 + 先烤面包再抹酱

在烤得焦脆的面包上满满涂上无盐黄油和橘皮果酱，是经典的英国早餐。橘皮果酱若隐若现的苦涩和甘甜，与无盐黄油和烤面包的香味相得益彰，即使每天吃也吃不腻。因为是英伦风，所以面包要薄切。薄薄脆脆的烤面包才是这道料理的灵魂。

橘皮果酱&黄油烤吐司

材料(1份用量)

山形切片面包（10片装）※……1片
无盐黄油※※……适量
橘皮果酱……适量

※ 想要做出英伦风味，就不要选择口感丰富的高级面包，而是要选择普通面包。
※※ 因为面包有咸味，所以无盐黄油和橘皮果酱与面包搭配时，要掌握好甜咸平衡。如果想让味道明显一些，可以使用有盐黄油。

做法

1. 将吐司面包烤一下。
2. 在切片面包上涂无盐黄油，然后涂橘皮果酱。

※ 这里使用的是橘子橘皮果酱。本书还介绍了柚子橘皮果酱（参考第21页）的做法。柑橘和夏橙等，可以根据自己的喜好混合。

覆盆子 ✕ 法式长棍面包

说起法式早餐，就会想起法式长棍面包。在法语中，法式长棍面包（tarine）其实是"涂抹"（tariner）这个动词的名词形式，意思是在面包上涂果酱和黄油。将法式长棍面包平切，面包上会出现很多气孔，全靠法式长棍面包的外皮在支撑，所以能够填入许多黄油和果酱。在法式长棍面包的气孔中随机填入黄油和果酱，一口咬下去，口中味道变化多端。朴素的面包搭配好吃的果酱和黄油，十分合得来。

覆盆子果酱法式长棍面包

材料（1份用量）

法式长棍面包……1/3根

无盐发酵黄油……适量

覆盆子果酱（参考第23页）※……适量

※ 此处的果酱可以根据喜好搭配；不仅可以多种果酱混合使用，还可以搭配巧克力和蜂蜜。

做法

1. 将法式长棍面包平切。

2. 在面包的横截面涂上无盐发酵黄油，然后涂上果酱。

＊ 在日本一般使用非发酵黄油，而法国使用的基本是发酵黄油。乳酸发酵后隐约有一些发酸，料理的风味更胜从前。法国是口感超群的法式长棍面包的原产地，所以最好选择优质发酵黄油与之搭配。

香蕉、杏仁 ✕ 面包 + 先抹果酱再烤面包

美国有几种香蕉搭配花生酱的三明治，不过这里我们用杏仁酱代替，配上蓝纹奶酪，更有成熟风味。香蕉黏糊糊的口感和甜味，和咸味十足的蓝纹奶酪搭配最理想，再配上杏仁的香气，醇香浓郁。比起普通面包，更适合搭配全麦切片面包。

香蕉和蓝纹奶酪杏仁酱烤面包

材料（1盘用量）

全麦切片面包（8片装）……1片
杏仁酱（参考第41页）……40克
香蕉……1根
蓝纹奶酪※……10克
蜂蜜……10克
杏仁片（烘烤）……2克

※ 这里使用的是奥弗涅蓝纹奶酪。如戈贡佐拉奶酪和昂贝尔圆柱形奶酪等蓝纹奶酪也比较合适。

做法

1. 在全麦切片面包上涂上杏仁酱。
2. 将香蕉切成圆片，放在抹好酱的面包上。
3. 将蓝纹奶酪切成小块，放在香蕉上，然后放进烤箱烤到蓝纹奶酪融化为止。
4. 在表面浇上蜂蜜，然后撒上杏仁碎。

什锦浆果 ✕ 可颂面包

与法式长棍面包并列的法国经典早餐是可颂面包，蘸着牛奶咖啡吃是法国常见的吃法，不过涂满黄油的可颂面包比法式长棍面包更有档次。所以，法国家庭一般不会每天早晨都吃，而是作为周末的特别菜肴。奶油和果酱以及新鲜的浆果与可颂面包或法式长棍面包搭配起来口感丰富，是非常理想的周末早午餐。

什锦浆果和覆盆子果酱可颂面包

材料（1盘用量）

可颂面包……1个（42克）
马斯卡彭奶酪和鲜奶油（参考第33页）
……45克
覆盆子果酱（参考第23页）……20克
草莓……1颗
覆盆子……3粒
蓝莓……5粒
开心果……少许

做法

1. 将可颂面包横切成两半。

2. 在可颂面包的底部涂上马斯卡彭奶酪和鲜奶油，再涂上覆盆子果酱。

3. 在步骤2的成品上放上覆盆子、蓝莓，还有切好的草莓片，加上切碎的开心果。

4. 盖上上方的可颂面包，一边往底侧涂果酱和奶油，放水果，一边享用。

无花果 ✕ 柏林乡村面包 + 先烤面包再抹果酱

在味道醇厚的黑麦面包上涂满蜂蜜、马斯卡彭奶酪，搭配切成片的无花果。无花果朴素的甘甜和奶油搭配起来非常好，吃起来唇齿留香，十分令人怀念。

无花果和马斯卡彭奶酪芝麻奶油面包

材料（1盘用量）

柏林乡村面包（10毫米的切片）※……1片（25克）
马斯卡彭奶酪芝麻奶油（参考第38页）……30克
无花果（小）※※……2个
蜂蜜……适量

※ 这是柏林风的田园面包，一种用了很多黑麦粉的德国面包，有独特的醇厚酸味，推荐薄切。没有的话，也可以用容易买到的黑麦面包或田园面包代替。
※※ 这里使用的是小号的加州黑（加利福尼亚州产的黑无花果）。

做法

1. 将柏林乡村面包轻轻烘烤一下。
2. 将步骤1的面包斜着半切，在一面上涂上马斯卡彭奶酪芝麻奶油，放上无花果片。
3. 根据自己的喜好添加适量蜂蜜。

苹果 ✕ 法式乡村面包

诞生于法国诺曼底的白霉奶酪"卡芒贝尔奶酪"，和同样产于此地的苹果搭配十分好。
放上苹果片，品尝新鲜的香气和口感。芝士风味醇厚，苹果味道清爽，搭配起来更好
吃，覆盆子果酱的香气用核桃的香气点缀，能够引出更好的味道。和红酒搭配较好，
是更具成熟风味的法式开放三明治。

苹果和卡芒贝尔奶酪法式开放三明治

材料（1盘用量）

法式乡村面包（12毫米切片）……1片（24克）

无盐黄油……8克

火腿……15克

苹果（5毫米，厚切，皮半月形）※……3片

卡芒贝尔奶酪（法国产）……1/8（每个250克）

覆盆子果酱（参考第23页）……20克

核桃（烘烤）……3克

※ 这里使用的苹果是红玉，味道清新爽口，和
面包十分相配。

做法

1. 在法式乡村面包上涂上无盐黄油，然后放
   上火腿。

2. 在步骤1的成品上交替放上苹果片和3等
   份的卡芒贝尔奶酪。

3. 在步骤2的成品上涂上覆盆子果酱，撒上
   切碎的烤核桃。

什锦坚果 ✕ 法式长棍面包

蜜渍坚果只需要把坚果和蜂蜜混合在一起就可以了。坚果的香味和蜂蜜的醇厚甘甜搭配，是让人忘不掉的美味。蜜渍坚果搭配面包也很好吃，再搭配无盐黄油，那就是人间绝味了。最好趁无盐黄油凉的时候切片放上。

什锦蜜渍坚果法式长棍面包

材料（1盘用量）

法式长棍面包（12毫米厚斜切）……3片

无盐黄油……18克（每片6克）

什锦蜜渍坚果（参考第11页）……90克

做法

1. 薄切法式长棍面包，放上无盐黄油。

2. 在步骤1的成品上放什锦蜜渍坚果。

车厘子 ✕ 法式乡村面包

用意大利黑醋腌车厘子，浓厚的甘甜中会带着一丝酸味，风味十足，再搭配清爽的白奶酪，更显车厘子的味道。不只是蜂蜜的甘甜，车厘子和奶酪以及面包连接的黏稠感也十分令人难忘，最后撒上黑胡椒点缀。

车厘子和白奶酪法式长棍面包

材料（1盘用量）

法式乡村面包（10毫米切片）……1片（40克）

白奶酪……36克

车厘子（去籽后3等分切片）……45克

意大利黑醋……1小匙

蜂蜜……适量

黑胡椒（粗磨）……少许

做法

1. 在车厘子上浇上意大利黑醋。

2. 将法式乡村面包斜着2等分，在面包的一侧涂上白奶酪。

3. 在步骤2的成品上放上步骤1中的车厘子，浇上蜂蜜，完成后撒上黑胡椒。

用意大利黑醋浸泡车厘子，可以让味道更突显。

栗子 ✕ 法式乡村面包 + 先烤面包再抹果酱

栗子的甜味搭配黑胡椒，和里考塔奶酪相得益彰。这样的搭配，一口咬下去美味可口，简直无法从简单的外观想象味道能如此美味。烘烤时，法式乡村面包的香气与栗子香气会结合在一起。里考塔奶酪不但可以靠蜂蜜增添甜味，还可以添加食盐让味道变得更鲜美。

栗子涩皮煮和里考塔奶酪法式长棍面包

材料（1盘用量）

法式乡村面包（12毫米厚切片）……1片（40克）

里考塔奶酪奶油（参考第38页）……35克

栗子涩皮煮（参考第30~31页）……1个（30克）

黑胡椒（粗磨）……少许

做法

1. 将法式乡村面包稍微烘烤一下。

2. 在烤好的面包上涂抹里考塔奶酪奶油，撒上切碎的栗子涩皮煮，再撒上黑胡椒，完成。

柠檬 ╳ 烤面饼

软糯的烤面饼搭配清新的柠檬凝乳。柠檬皮能够增加香气，鸡蛋和黄油的丰富感能让这道料理在简单之中更添厚重感。推荐与香气浓郁的红茶搭配食用。

苹果和卡芒贝尔奶酪烤面饼

材料（1盘用量）

烤面饼※……1片
柠檬凝乳（参考第36~37页）……适量
柠檬皮（擦碎）……少许

做法

1. 将烤面饼烘烤一下。
2. 在烤好的烤面饼上加柠檬凝乳，然后撒上柠檬皮碎。

※ 烤面饼是一种便餐，是用发酵面团制成的饼，在英国十分流行。烤面饼不甜，不过耐嚼且富有弹性，由于与发酵粉以及酵母一起烘烤，因此会产生无数气泡，在表面留下一些小孔。烤面饼烘烤后添加黄油、蜂蜜和果酱是标准做法。

牛油果 ✕ 黑麦切片面包 + 先烤面包再涂果酱

近年来牛油果越来越受欢迎，和黑麦切片面包的搭配非常值得推荐。黑麦切片面包通过烘烤更能增加香气，简单的牛油果酱能增强牛油果的新鲜风味。虽然牛油果可以切成薄片，但将其制成糊状果酱涂在面包上，食用起来会更方便，并且能让人感到牛油果酱与面包融为一体。制作牛油果酱时，将牛油果弄碎，并撒上食盐是关键。

牛油果烤吐司

材料（1盘用量）

黑麦切片面包（12片装）……1片
牛油果酱※……1份
红辣椒（粗磨）……少许

※ 牛油果酱（方便制作的分量）
将130克牛油果用叉子弄碎，加入10克酸橙果汁、10克特级初榨橄榄油混合，再加入食盐、白胡椒来调味。

做法

1. 将黑麦切片面包烘烤一下。
2. 在步骤1的成品上涂抹牛油果酱，按对角线切成4等份，撒上红辣椒末。

菠萝 ✕ 面包 ＋ 先烤面包再涂果酱

烤面包搭配新鲜水果，口感的对比使新鲜感脱颖而出。如果二者搭配，面包和水果的
香气就会相得益彰。用培根搭配烤菠萝时，可以享受甜和咸之间的鲜明对比。口味重
的食材和面包搭配时，要使用清爽的里考塔奶酪搭配。最后用黑胡椒或薄荷点缀会让
味道变得更浓郁。

菠萝和培根烤吐司

材料（1盘用量）

全麦切片面包（8片装）……1片

里考塔奶酪奶油（参考第38页）……50克

菠萝（参考第17页切法，8毫米厚的圆片）……1片

黑胡椒（粗磨）……少许

薄荷叶……少许

做法

1. 用煎锅烤培根，然后切成6等份。

2. 将菠萝切成6等份，放入煎锅中两面各烤
   一下，直到烘烤成焦黄色。

3. 将全麦切片面包烤一下，然后对半切。

4. 在切好的面包上涂上里考塔奶酪奶油，将
   煎好的培根和菠萝交替放在面包上，再撒
   上黑胡椒和薄荷碎。

04

将水果与面包

融合

浆果 ╳ 面包

夏令布丁

"夏令布丁"是传统的英国甜点，顾名思义就是夏季甜点。将大量浆果加糖煮，连同
汁水倒入铺有面包的模具里等冷却固化后就完成了。通常圆碗形的较多，这里为了
方便只制作一人份的。传统的做法是在浆果中加入大量糖煮沸，使其变稠，然后冷
却硬化，但是为了减少甜度，我们添加了明胶。吃面包像吸果汁一样，在炎热的夏
季里享用非常舒爽。这道料理不仅可以作为甜点，而且可以作为夏季早餐。

※ 用红葡萄酒代替葡萄汁更有成熟风味。夏令布丁作为早餐时可以使用葡萄汁，作为夜宵时可以使用红葡萄酒，所以根据不同场景区分使用比较好。

材料（20毫升的玻璃杯2个）

切片面包（6片装）……3片
冷冻混合浆果……250克
蜂蜜……80克
葡萄汁（100%果汁）……100毫升
柠檬汁……1小匙
明胶片……5克（浇头）
马斯卡彭奶酪和鲜奶油（参考第33页）
……70克
蓝莓……6粒
覆盆子……6粒
薄荷……少许

做法

1 将明胶散开放入冰水中。

2 将冷冻混合浆果、蜂蜜、葡萄汁、柠檬汁放入锅中，用中火煮沸。

3 锅中沸腾后撇去浮沫。

4 将步骤1中的明胶沥干水分后放入锅中。

5 停火，一边混合一边让明胶溶化。

6 用圆形模具在切片面包上按出圆形面包片。

7 按出与玻璃杯底部、中央和顶部的尺寸相符的圆形面包，一个玻璃杯需要准备3片圆形面包。

8 将按块的圆形面包放入步骤5的成品中，让其充分吸收。

9 在杯子底部放置1片浸好的面包，倒入步骤5的成品至玻璃杯2/5的高度，再放入一片浸好的面包。

10 将步骤5中的成品一股脑倒入，将最后一片浸好的面包盖在上面。

11 将上部弄平压实，用保鲜膜包好放入冰箱中冷藏，使其变硬。料理成形后将马斯卡彭奶酪和鲜奶油倒在上面，同时用蓝莓、覆盆子和薄荷进行装饰。

橙子 ✕ 法式短棍面包

法式短棍面包和橙子夏季布丁

吸收了很多橙汁的法式短棍面包口味清爽，含有大量水分，非常适合当作夏季早餐。不需要用火就能制作出来，这也是其魅力所在。可以作为早餐或夜宵。除了冰激凌，还可以在这道布丁中添加鲜奶油或酸奶，并用蜂蜜调节甜度。

材料（1盘用量）

法式短棍面包（30毫米切片）
……3片（每片25克）
橙汁（100%果汁）……180毫升
香草冰激凌……120克
橙子（参考第13页切法）……3瓣
蜂蜜……适量
橙皮蜜饯※……少许
开心果……少许

做法

1. 将法式短棍面包放入托盘中，浇上橙汁，使面包充分吸收橙汁。将面包放入冰箱中，一边冷却，一边继续让其充分吸收。

2. 将步骤1的成品放在盘子中，放上香草冰激凌和橙子瓣，然后放上切碎的开心果和橙皮蜜饯。可根据喜好加入适量蜂蜜。

※ 橙皮蜜饯
将一个橙子的皮削成丝。将锅中的水煮沸，然后将橙皮丝过三次水，用笊篱捞上来。在小锅里放入100毫升水和60克细砂糖，点火加热。待细砂糖溶解，加入橙皮丝用文火煮。

无花果 ✕ 布里欧修

无花果夏令水果布丁

无花果蜜饯糖浆，有如红葡萄酒一般的成熟风味，搭配布里欧修，味道更为浓郁。和经典的夏令布丁不同，此布丁在外观上突出了水果本身，可以搭配时令水果制成四季布丁。

材料（1盘用量）

布里欧修（4厘米方块）……40克
无花果蜜饯糖浆（参考第28页）……100毫升
无花果蜜饯（参考第28页）……70克
卡仕达酱（参考第34~35页）……35克
马斯卡彭奶酪和鲜奶油（参考第33页）
……20克
杏仁片（烘烤）……少许
开心果……少许

做法

1. 将布里欧修放在托盘中，撒上无花果蜜饯糖浆，让面包全部吸收。将其放在冰箱中，使其冷却，并继续吸收糖浆。

2. 将步骤1中的成品放在盘子上，然后将卡仕达酱、马斯卡彭奶酪和鲜奶油放入带圆形裱花嘴的裱花袋中，挤在布里欧修上。将无花果蜜饯切成两半，然后撒上烤杏仁片和开心果碎。

将布里欧修切成一口大小，能更好地吸收糖浆，吃起来也很方便。

栗子 ✕ 布里欧修

栗巴巴

巴巴蛋糕是法国最受欢迎的发酵甜点之一，用添加了葡萄干的面团发酵后烘焙而成，再将其浸入添加了朗姆酒或白兰地的糖浆中。据说它改良了法国洛林地区的著名糕点。搭配了栗子涩皮煮和糖浆的巴巴，因为栗子和朗姆酒丰富的香气更添一抹成熟风味。在这个基础上再添加一种食材，就可以表现出季节感。

材料（1份用量）

巴巴蛋糕（可用布里欧修代替）
……1个（60克）
栗子涩皮煮……1个
栗子糖浆 ※……适量
马斯卡彭奶酪和鲜奶油（参考第33页）
……40克

做法

1. 将栗子糖浆加热至30~35摄氏度，将巴巴放入其中浸泡，直至浸透。将巴巴放在托网上，直至多余糖浆不再滴下。

2. 将步骤1的成品放在盘子上，将马斯卡彭奶酪和鲜奶油放入带裱花嘴的裱花袋中挤出来。将栗子涩皮煮切成两半，一半直接放上去，另一半切得更细，撒在奶油上。

※ 栗子糖浆

将100毫升栗子涩皮煮的糖浆煮沸，加入1大匙朗姆酒。当栗子糖浆甜味不足时，可以用细砂糖调味。

黄桃 ╳ 布里欧修

蜜桃冰激凌风萨瓦兰松饼

萨瓦兰松饼与巴巴蛋糕一样很受欢迎，而且萨瓦兰松饼是受到巴巴的启发制作而成的。据说萨瓦兰松饼是以美食家布里亚-萨瓦兰的名字命名的。由黄桃罐头和糖浆制成的萨瓦兰松饼，和覆盆子一起打造蜜桃冰激凌风。颜色美丽、口感奢华，配上冰激凌更美味。

材料（1份用量）

萨瓦兰松饼（可用球顶布里欧修代替）
……1个（60克）
黄桃罐头……1/2个
黄桃糖浆※……适量
覆盆子果酱……20克
马斯卡彭奶酪和鲜奶油（参考第33页）
……40克
杏仁片（烤）……3克
覆盆子（如果有）……3粒

※ 黄桃糖浆（方便制作的分量）
将100毫升黄桃罐头的糖浆煮沸，加入1大匙白兰地。当糖浆甜味不足时，可以用细砂糖调味。

做法

1. 将黄桃糖浆加热至30~35摄氏度，浸泡萨瓦兰松饼，直到萨瓦兰松饼全部浸透，放在托网上，直至多余糖浆不再滴下。

2. 将步骤1的成品放在盘子上，在萨瓦兰松饼微微鼓起的部分抹上覆盆子果酱。在盘子上放入黄桃切片，然后将马斯卡彭奶酪和鲜奶油放入带裱花嘴的裱花袋中，在盘中挤出，再放上覆盆子和杏仁片。

＊ 萨瓦兰松饼和巴巴面团的做法（方便制作的分量）

高筋面粉200克、鸡蛋2颗（100克）、牛奶100毫升、细砂糖25克、食盐4克、即发干酵母8克，充分混合。面团聚拢起来后，一点点加入无盐黄油70克（用热水溶解并在常温下冷却），一边加一边混合。巴巴面团中加入70克葡萄干。在35摄氏度下发酵30分钟后，将面团放入带着裱花嘴的裱花袋中挤到模具中。在35摄氏度下放置15分钟，让巴巴面团发酵到模具八成大的程度。在200摄氏度的预热的烤箱中烘烤至焦黄色。

05

不亚于主角的
配角水果

世界三明治

法国

火腿奶酪和杧果芥末三明治

Jambon fromage et moutarde à la mangue

在法语中，jambon是火腿的意思，fromage是芝士的意思。经典的法式火腿芝士三明治使用了硬质奶酪，与乳白色的白霉奶酪一起使用时，味道更显高级。火腿芝士与杧果芥末酱搭配起来很新鲜。

意大利
哈密瓜火腿帕尼尼
Panino con melone e prosciutto

火腿和水果的组合是经典的开胃菜，其中与哈密瓜搭配起来特别受欢迎。
夹着芝麻菜的简单的帕尼尼，添加了开胃菜的元素，还夹有大量哈密瓜。
红肉哈密瓜浓厚的甘甜与火腿相得益彰。橄榄油的香气和佛卡夏的酥脆，
更突显出食材的平衡感。红辣椒的辛辣使帕尼尼的味道更浓。

法式小棍面包 ·············

杜果芥末酱 ·············

白霉奶酪 ·············

火腿 ·············

无盐黄油 ·············

火腿奶酪和杜果芥末三明治

材料(1个用量)

法式小棍面包······1个（110克）

无盐黄油······14克

火腿······40克

白霉奶酪※······30克

杜果芥末酱（参考第25页）······15克

※ 使用布里奶酪、卡芒贝尔奶酪等很容易
买到的白霉奶酪就可以，这里使用的是库洛
米埃奶酪。

做法

1. 将法式小棍面包横向切开，在内侧涂
   上无盐黄油。

2. 在抹好的面包中按顺序夹入火腿、切
   好的白霉奶酪、杜果芥末酱。

法式火腿奶酪是由法式长棍面
包制成，但在这里我们使用的
是法式小棍面包。细长的小棍
面包中夹上大量的火腿和奶
酪，吃起来十分方便。

佛卡夏 ……………………

哈密瓜 ………………… ……………… 特级初榨橄榄油+红辣椒

芝麻菜 …………………

火腿 ………………… ……………… 特级初榨橄榄油

佛卡夏 …………………

哈密瓜火腿帕尼尼

材料(1个用量)

佛卡夏……1个（120克）

特级初榨橄榄油……10毫升

火腿（腌制）……1片

红果肉哈密瓜（木梳形/参考第14页的

切法）……42克

芝麻菜……4克

红辣椒（粗磨）……少许

做法

1. 将佛卡夏横向切开，在内侧涂上一
   半用量的特级初榨橄榄油。

2. 在步骤1的成品中加入火腿、芝麻
   菜、薄切哈密瓜，将剩下的特级初
   榨橄榄油浇上，撒上红辣椒末。

哈密瓜火腿沙拉

与哈密瓜火腿帕尼尼相同的搭配也可
以做成沙拉。将哈密瓜、火腿（腌制）
和芝麻菜放入盘中，撒上哈密瓜酱※。
将哈密瓜酱添加到面包中口感会更黏
稠，而加入沙拉中则更可口。

※ 哈密瓜酱（方便制作的分量）
100克哈密瓜、20毫升白葡萄果醋、
80毫升特级初榨橄榄油、15克面包
（佛卡夏或法式长棍面包）混合在一起，
然后用搅拌机搅拌，最后加入食盐、
白胡椒调味。

越南

猪肉菠萝三明治

Bánh mì thịt lợn và dứa

在法国殖民时期传入越南的面包文化现已成为越南非常重要的饮食文化。越南面包与法式长棍面包不同，它皮薄轻巧，即使夹了许多食材也不显得臃肿。同时，越南三明治使用的调味料非常有亚洲特色，将甜、酸、辣等多种味道调和在一起。如果将水果也视为一种调味料，那越南三明治搭配的范围就会更广。

中国台湾
花生酱口味综合三明治

当谈到花生酱三明治时，人们就会想起美国，但其实在中国台湾，制作三明治时也经常使用花生酱。中国台湾最受欢迎的三明治店The Toast（吐司）以花生酱的浓厚香气而闻名。虽然花生酱口味综合三明治使用的是蔬菜、培根和鸡蛋等常见食材，搭配起来却别有一番风味。

香菜

醋渍萝卜丝

菠萝

五花肉＋越南鱼酱
＋食盐＋黑胡椒

甜辣酱

蜂蜜奶油酱

松软的法式面包

猪肉菠萝三明治

材料（1个用量）

越南法棍面包……1个（80克）

五花肉（烤肉用）……45克

越南鱼酱（可以用泰国鱼酱代替）……1小匙

菠萝（参考第17页切法）

……5毫米圆片 0.5个（15克）

蜂蜜奶油酱※……6克

甜辣酱……10克

醋渍萝卜丝※※……10克

香菜（切碎）……3克

花生……2克

食盐……少许

黑胡椒……少许

※ 蜂蜜奶油酱

按奶油酱：蜂蜜＝9：1的比例将两者混合。

※※ 醋渍萝卜丝（方便制作的分量）

将100克胡萝卜切成丝状。30毫升米醋、30毫
升水、15克蔗糖、5克食盐混合制成甜醋汁，浸
泡胡萝卜丝。

做法

1. 在五花肉上撒上少许食盐，用煎锅将两面
   煎好，然后撒上越南鱼酱和黑胡椒。

2. 将菠萝切成4等份，用煎锅将两面煎到呈
   现焦黄色。

3. 将越南法棍面包稍微烤一下，横向切开，
   切口内侧涂抹蜂蜜奶油酱。

4. 在抹好的面包中加入剪好的五花肉、甜辣
   酱、煎菠萝、醋渍萝卜丝、碎香菜、花
   生碎。

bánh mì在越南语中一
般指面包本身，不过有
时也指三明治。

全麦切片面包 · · · · · · · · · · · · · · · · 切碎奶酪
蜂蜜奶油酱 · · · · · · · · · · · · · · · · 煎蛋 + 食盐 + 白胡椒
无盐黄油 · · · · · · · · · · · · · · · · 培根
无盐黄油 · · · · · · · · · · · · · · · · 全麦切片面包
蜂蜜奶油酱 · · · · · · · · · · · · · · · · 番茄 + 食盐 + 黑胡椒
蜂蜜奶油酱 · · · · · · · · · · · · · · · · 黄瓜
花生酱 · · · · · · · · · · · · · · · · 全麦切片面包

花生酱口味综合三明治

材料(1个用量)

全麦切片面包（8片装）······3片

花生酱······25克

无盐黄油······9克（每份3克）

黄瓜（厚2毫米切片）······0.5根（40克）

番茄（木梳形切片）······0.5个（60克）

培根······2片（20克）

鸡蛋······1个

奶酪······1片（20克）

蜂蜜奶油酱（参考第150页）

······6克（每份2克）

食盐······少许

黑胡椒······少许

白胡椒······少许

做法

1. 将全麦切片面包烤一下。

2. 在锅中倒入少量色拉油（原料表外），将鸡蛋煎好（两面煎熟），在煎蛋上撒上食盐和白胡椒。将培根切成两半。

3. 在步骤1的成品涂上花生酱，将黄瓜摆放在面包上。用裱花袋挤2克蜂蜜奶油酱，在黄瓜上画成线状，然后将切成4等份的番茄放入。番茄上撒上黑胡椒，然后挤2克蜂蜜奶油酱，画成线状。最后与涂了3克无盐黄油的全麦切片面包组合。

4. 在步骤3的成品上涂3克无盐黄油，将培根摆好，再挤2克蜂蜜奶油酱在培根上，画成线状。然后放上煎蛋和奶酪。最后将剩下的无盐黄油涂在全麦切片面包上，与之前的面包组合，将三明治对半切。

美国

柠檬奶油奶酪和烟熏三文鱼贝果三明治

Lemon cream cheese and smoked salmon bagle sandwich

奶油奶酪和烟熏三文鱼是贝果三明治中最受欢迎的组合。贝果专卖店有各
种口味的奶油奶酪，可以自由组合。将咸柠檬切碎，再与奶油奶酪混合，
制成的清爽蘸酱非常适合与烟熏三文鱼进行搭配。最后在贝果三明治中加
入磨碎的柠檬皮和莳萝，会使香气更加浓郁。

美国

古巴三明治

Cuban sandwich

三明治曾是古巴体力劳动者的日常食品，从古巴移民众多的迈阿密开始流行起来。古巴面包夹着古巴风味烤肉、火腿、奶酪和莳萝，用力压紧并烤脆。这种古巴风味烤肉在由柑橘汁、香料和橄榄油制成的腌料中腌制过，是古巴三明治风味的关键。

贝果 ……………………

奶油奶酪+咸柠檬 ……………………

奶油奶酪+咸柠檬 ……………………

贝果 ……………………

莳萝+柠檬皮

烟熏三文鱼

柠檬奶油奶酪和烟熏三文鱼贝果三明治

材料（1个用量）

贝果……1个（100克）

奶油奶酪……100克

咸柠檬※……15克

烟熏三文鱼……30克

莳萝（新鲜的）……少许

柠檬皮（擦碎）……少许

※ 咸柠檬的做法

将柠檬皮切成5毫米厚，加入约占柠檬皮重量
12%的食盐，一起放入储存罐中。如果做的咸
柠檬量较少，也可以放入密封袋中，抽去空气腌
一晚。保存时需要放入冰箱冷藏。

做法

1. 将咸柠檬粗切，然后与奶油奶酪混合。

2. 将贝果横向切开，在内侧各涂50克步骤
   1的成品。

3. 在步骤2中的贝果下半放上烟熏三文鱼、
   莳萝和柠檬皮。

在制作前将贝果过
一下热水，口感会
更为紧实。

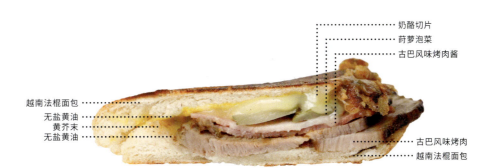

奶酪切片
莳萝泡菜
古巴风味烤肉酱

越南法棍面包
无盐黄油
黄芥末
无盐黄油

古巴风味烤肉
越南法棍面包

古巴三明治

材料(1个用量)

越南法棍面包……1个（80克）

无盐黄油……6克

黄芥末……5克

古巴风味烤肉※（切片）……70克

古巴风味烤肉酱※※……5克

火腿……1片（25克）

莳萝泡菜（莳萝风味小型黄瓜泡菜）……8克（1个）

奶酪切片（这里使用的是拉克雷特奶酪切片）……35克

※ 古巴风味烤肉（方便制作的分量）
加入100毫升特级初榨橄榄油、100毫升橙汁（100%果汁）、1个酸橙榨汁、1/2捆香菜（切碎）、2瓣大蒜擦泥、1小匙小茴香、1.5小匙食盐、1小匙牛至、1小匙辣椒粉，混合少许白胡椒粉腌制。将1千克猪肩肉腌泡在腌料中，在冰箱中保存2~3天（将其放入有密封口的储物袋中，然后放气）。其后，将肉从储物袋中取出，放入煎锅中，在预热至160摄氏度的烤箱中烘烤约45分钟。

※※ 将腌泡出来的汤汁和烤盘上的汁倒入锅中，煮到剩一半。

做法

1. 将越南法棍面包横向切开，在内侧涂上无盐黄油，再在面包上方涂上黄芥末。

2. 在步骤1的成品中加入古巴风味烤肉、古巴风味烤肉酱、火腿、莳萝泡菜、奶酪切片。

3. 将无盐黄油放入煎锅中等待融化（原料表外），将步骤1中的面包放入，从上一边压一边煎。当面包出现煎烤的颜色，变得脆脆的，中间的奶酪融化为止。

※ 压在煎锅上煎烤时，可以使用帕尼尼烤架。

带果味和辛辣味的腌泡汤汁可以作为酱汁用，和烧烤汁一起煮沸可以增加味道。

英国

茶点三明治
Tea sandwiches

由下午茶习惯孕育的茶点三明治，是"手指三明治"的一种，其特点是薄而大。使用切掉面包边的薄面包，搭配优质配料，并使用优质黄油将面包和配料粘起来。正因为它很简单，所以可以充分利用各种食材，每次制作都会有惊喜。在鸡蛋、火腿和黄瓜的基本配置中添加橘皮果酱，就是完美的下午茶了。

日本
杧果酱配炸猪排厚切三明治

大家都喜欢的炸猪排三明治可以使炸猪排本身的味道最大化地表现出来。手工制作时,可以将猪排切厚一些。肥厚的猪排炸两次,十分鲜嫩多汁。味道的关键是使用了杧果酱这种特制酱汁,其中的酸甜味突出了猪肉的原始风味。

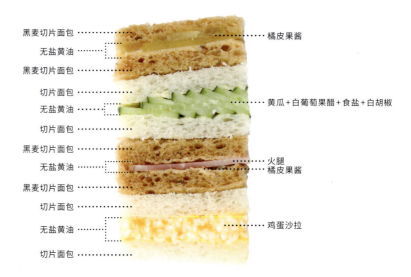

黑麦切片面包 ……………… 橘皮果酱

无盐黄油 …………

黑麦切片面包 …………

切片面包 …………

无盐黄油 ……… 黄瓜+白葡萄果醋+食盐+白胡椒

切片面包 …………

黑麦切片面包 ………

无盐黄油 ……… 火腿 橘皮果酱

黑麦切片面包 ………

切片面包 …………

无盐黄油 ……… 鸡蛋沙拉

切片面包 …………

茶点三明治

材料(1组用量)

a. 鸡蛋三明治
切片面包（12片装）……2片
无盐黄油……8克
鸡蛋沙拉※……60克

b. 火腿三明治
黑麦切片面包（12片装）……2片
无盐黄油……8克
橘皮果酱※※……15克
火腿……25克

c. 黄瓜三明治
切片面包（12片装）……2片
无盐黄油……8克
黄瓜（2毫米厚竖切片）……0.5根（40克）
白葡萄果醋……少许
食盐……少许
白胡椒……少许

d. 橘皮果酱三明治
黑麦切片面包（12片装）……2片
无盐黄油……10克
橘皮果酱……30克

※ 鸡蛋沙拉
将水煮蛋切碎，加入食盐和白胡椒调味，然后与10克蛋黄酱混合。

※※ 橘皮果酱
这里使用的是柚子橘皮果酱（参考第21页）。如果喜欢柑橘橘皮果酱，这里也可以换成柑橘橘皮果酱。

做法

a. 制作鸡蛋三明治。在切片面包的一侧涂上一半的无盐黄油，然后将鸡蛋沙拉抹在面包中间。

b. 制作火腿三明治。将一半无盐黄油涂在黑麦切片面包的一侧，然后涂一层橘皮果酱，再将火腿放在上面，最后用另一片面包夹住。

c. 制作黄瓜三明治。将黄瓜放在托盘中，然后撒上食盐和白胡椒，再撒上白葡萄果醋，然后腌制10分钟。在切片面包的一侧涂无盐黄油，一面涂一半，然后用厨房纸将黄瓜中多余的水分吸去，将黄瓜放在面包中间夹住。

d. 制作橘皮果酱三明治。在黑麦切片面包的一面涂上无盐黄油，另一片黑麦切片面包上涂上橘皮果酱，组合起来。

完成

将鸡蛋三明治、火腿三明治、黄瓜三明治和橘皮果酱三明治组合起来，切掉面包边，然后切成6等份。

切片面包 ……………
无盐黄油 ……………
杏果酱 ……………

厚切炸猪排 ……………

杏果酱 ……………
无盐黄油 ……………

切片面包 ……………

杏果酱配炸猪排厚切三明治

材料(1个用量)

切片面包(8片装)……2片

无盐黄油……6克

炸猪排(厚切)……1片(200克)

杏果酱(参考第24页)……35克

面包粉……适量

鸡蛋……0.5个

低筋面粉……适量

色拉油……适量

食盐……少许

白胡椒……少许

做法

1. 制作厚切炸猪排。将恢复到室温的猪肩里脊肉用肉锤捶打，切掉肉筋，撒上食盐和白胡椒。将低筋面粉撒满整块猪排，然后裹上打好的蛋液，沾上面包粉。在预热至160摄氏度的油中将猪排煎炸约7分钟。用笊篱捞出，静置约4分钟，然后在180摄氏度的油中将另一侧煎1分钟。

2. 切掉面包边，然后在一侧涂上无盐黄油。

3. 在炸好的猪排的两面涂抹杏果酱，一面涂一半用量，然后用步骤2的成品将猪排夹起来，切成3等份。

06

使用水果的
世界料理

醋栗核桃胡萝卜沙拉(左)

材料(方便制作的分量)

胡萝卜……150 克
醋栗……15 克
柠檬汁……1 大匙
特级初榨橄榄油……1 大匙
食盐……1/3 小匙
白胡椒……少许
核桃(烘烤)……适量

做法

1. 将胡萝卜用奶酪刨丝器较粗的部分擦成丝。将醋栗过一下热水。
2. 将柠檬汁、食盐、白胡椒混合,然后加入特级初榨橄榄油混合。
3. 将步骤1和步骤2的成品混合,放置1小时以上让食材更入味。最后撒上切碎的核桃。

杜果酸奶胡萝卜沙拉(右上)

材料(方便制作的分量)

胡萝卜……150 克
酸奶酱※……1 份
杜果干……15 克
杜卡香料……少许

※ 酸奶酱(1份)
将50克脱水酸奶、1大匙特级初榨橄榄油、少许蒜泥、1/3小匙食盐和少许白胡椒粉混合。

做法

1. 将胡萝卜用奶酪刨丝器较粗的部分擦成细丝。
2. 将杜果干切碎。
3. 将步骤1和步骤2的成品与酸奶酱混合,放置1小时以上让食材更入味,最后撒上杜卡香料。

橙子胡萝卜沙拉(右下)

材料(方便制作的分量)

胡萝卜……150 克
橙汁……2 大匙
特级初榨橄榄油……2 大匙
食盐……1/3 小匙
白胡椒……少许
橙子……1/2 个
意大利香芹……少许

做法

1. 将胡萝卜用奶酪刨丝器较粗的部分擦成丝。
2. 将橙子剥皮,按瓣分开。
3. 在橙汁中加入食盐、白胡椒混合,然后加入特级初榨橄榄油混合。
4. 将以上步骤的成品混合,放置1个小时以上,让食材入味。最后加上切碎的意大利香芹。

法国

3种水果胡萝卜沙拉

Carottes râpées aux 3 fruits

简单的胡萝卜沙拉是法国的经典配菜。与水果搭配,让胡萝卜自然的甘甜香气带出水果味。这3道沙拉也推荐作为三明治的食材。

使用了杜果和酸奶的杜卡香料,是一种起源于中东的混合香料,由烤坚果、香料、芝麻和食盐等混合而成。这里我使用的是市场上售卖的榛子、白芝麻、香菜、小茴香、辣椒和食盐,不过也可以根据自己的喜好随意组合。

材料(2~3人份)

无花果※······5个
莫扎里拉奶酪······1个
红菊苣※※······8~10个
萨拉米香肠······4~6个
特级初榨橄榄油······适量
食盐······少量
黑胡椒······少量

※ 这里可以使用日本产无花果和从其他国家进口的无花果等3个品种。使用品种：桝井1个、加州黑2个、佛罗伦萨（意大利产白色无花果）2个。

※※ 红菊苣沙沙的口感中略带一丝苦味和绵柔的甘甜。近年来，在日本也有种植这种蔬菜，也可以用紫甘蓝代替。

做法

1. 将无花果对半切。将莫扎里拉奶酪切成一口大小。每片萨拉米香肠对半切开。
2. 在盘子里随意摆放红菊苣、无花果和萨拉米香肠，再撒食盐、特级初榨橄榄油。最后撒上黑胡椒。

意大利

无花果、萨拉米香肠奶酪沙拉

Insalata con fichi, salame e mozzarella

莫扎里拉奶酪是一种意大利产鲜奶酪，非常适合搭配新鲜水果，与时令水果搭配的沙拉和开胃菜很受欢迎。莫扎里拉奶酪和软糯的成熟无花果搭配，颇具成熟风味。在萨拉米香肠的浓郁味道和咸味中，这道沙拉隐约带着红菊苣的苦味，味道朴实可口。

材料（2人份）

车厘子蜜饯的糖浆※……100毫升
鲜奶油（乳脂含量在35%）
……100毫升
牛奶……100毫升
食盐……一小撮
车厘子蜜饯※※……10粒
酸奶油……50克
薄荷……少许

※ 车厘子蜜饯的做法参考第26页，
也可以使用酸樱桃罐头。

做法

1. 将车厘子蜜饯的糖浆与鲜奶油、
   牛奶和食盐混合。
2. 将步骤1的成品倒入碗中，然后
   用勺子将酸奶油和车厘子蜜饯放
   入，最后撒上切碎的薄荷。

※※ 除樱桃外，也可以使用李子。
凉果汤适合使用酸味较强的水果。

匈牙利

樱桃凉果汤

Hideg cseresznyeleves

匈牙利的夏季特产——凉果汤。凉果汤不是甜点，而是一道开胃菜。在当地，匈牙利
人用鲜奶油和糖煮夏季时令水果，然后用面粉增稠并冷却。如果使用蜜饯的糖浆，只
须混合就可以轻松做成凉果汤。可以的话，用酸樱桃做凉果汤会更地道。樱桃凉果汤
与稍甜的面包搭配效果更好，如布里欧修或牛奶面包。

材料（3~4人份）

西瓜（净重）……400克
番茄……300克（约1.5个）
洋葱……60克
西芹……30克
辣椒（红）……70克（净重）
法式长棍面包……50克
大蒜……1/4瓣
特级初榨橄榄油……2大匙
白葡萄果醋……1大匙
柠檬汁……1大匙
食盐……1/4大匙
白胡椒……少许
辣椒粉……少许
罗勒……少许

做法

1. 称重时取出西瓜籽、去掉西瓜皮，将西瓜肉切成一口大小的小块。番茄过一下热水，然后切成一口大小的小块。将辣椒去籽、剥皮、称重，然后切成一口大小的小块。

2. 将洋葱和西芹切碎。

3. 将法式长棍面包切成小块，放入80毫升水中浸泡。

4. 将以上步骤的成品放入搅拌机中，加入大蒜、特级初榨橄榄油、白葡萄果醋、柠檬汁、食盐和白胡椒，搅拌均匀。

5. 最后，在步骤4的成品中加入西瓜球（原料表外）和罗勒，撒上少许特级初榨橄榄油（原料表外），然后撒上辣椒粉。

＊ 推荐在凉汤中添加红色系浆果，比如草莓或覆盆子。

西班牙

西瓜凉汤

Gazpacho de sandía y tomate

西瓜凉汤源于西班牙安达卢西亚地区，通常以番茄为基础，以面包增稠。作为夏季凉汤，它在世界范围内都很流行，而且偏好使用水果。夏季制作凉汤时推荐与西瓜搭配，喝起来清爽可口、酸甜适中。

材料(3~4人份)

土豆……200 克
苹果……200 克
洋葱……150 克
无盐黄油……30 克
鸡汤……200 毫升
牛奶……300 毫升
食盐……适量
白胡椒……少许
蓝纹奶酪※……适量
法式长棍面包……适量
鲜奶油……适量

※ 这里使用的是昂贝尔圆柱形奶酪，也可以使用戈贡佐拉奶酪等。

做法

1. 将土豆去皮，切成薄片。削掉苹果皮去籽，切成银杏叶状。将洋葱切成薄片。

2. 在锅中将无盐黄油融化，翻炒洋葱直到变透明为止，再加入土豆和苹果一起翻炒。

3. 将鸡汤倒入锅中，盖上锅盖，中火煮至土豆变软，再加入牛奶煮沸，然后用手动搅拌器搅拌至汤品光滑，加入食盐和白胡椒调味。

4. 将汤盛入碗中，加入鲜奶油、切成薄片且烤过的法式长棍面包，还有一口大小的蓝纹奶酪和带皮苹果丝（原料表外）。

法国

苹果土豆汤

Soupe aux pommes et pommes de terre

在法语中，土豆被称为"大地的苹果"，所以苹果土豆汤就是水果中的苹果和大地上的苹果的组合，质朴的味道中带着苹果的香气，令人印象深刻。关键是在苹果土豆汤中加入苹果丝和蓝纹奶酪。新鲜苹果的味道和蓝纹奶酪的浓厚风味与面包的搭配效果很好。

材料(3~4人份)

栗子※……300克（净重）

洋葱……150克

无盐黄油……30克

鸡汤……300毫升

牛奶……300毫升

培根……适量

欧芹……少许

食盐……适量

白胡椒……少许

黑胡椒……少许

※ 这里使用日本产栗子制作，不过用欧洲产栗子制作也行。

做法

1. 将栗子去皮，切成4等份。将洋葱切成薄片。

2. 在锅中将无盐黄油融化，翻炒洋葱直到透明为止，然后加入栗子一起翻炒。

3. 将鸡汤倒入锅中，盖上锅盖，中火煮至栗子变软。这一步可以取出适量的栗子作为点缀。栗子变软后加入牛奶煮至沸腾，然后用手动搅拌器搅拌至汤品光滑，然后加入食盐和白胡椒调味。

4. 将步骤3的成品盛入碗中，加入切成条状的煎培根、切碎的欧芹，然后放上步骤3中取出的碎栗子，最后撒上黑胡椒。

法国

栗子甜汤

Soupe de châtaignes

栗子甜汤是秋天特有的味道。在汤中添加培根和黑胡椒后，香味可以使栗子甜汤的味道别具一格。搭配这道料理时，黑麦切片面包和全麦切片面包比白面包更适合。如果可以，建议使用栗子粉面包。

材料（2人份）

牛腿肉（牛排用）……1片（200克）
芝麻菜……适量
葡萄（巨峰）……6粒
帕马森奶酪……适量
意大利黑醋……4大匙
特级初榨橄榄油……适量
食盐……少许
白胡椒……少许
黑胡椒……少许

做法

1. 让牛腿肉恢复至室温，在牛腿肉上撒上食盐和白胡椒。
2. 在平底锅中加热特级初榨橄榄油，然后用中火煎腌好的牛腿肉。等牛腿肉两面都变成焦黄色时，将其放入盘中。
3. 用步骤2使用的平底锅快速翻炒切成两半的葡萄，然后将它们取出放入盘中。
4. 制作酱汁。将意大利黑醋加到步骤3使用的平底锅中，用中火加热煮到黑醋留一半的程度，加食盐调味。
5. 将煎好的牛腿肉切成薄片放入盘中。将芝麻菜切成易于食用的大小，放在牛肉条上面，再放上步骤3和步骤4的成品。用削皮器将帕马森奶酪切成薄片，放入盘中，撒上粗磨的黑胡椒。

意大利

葡萄、芝麻菜和牛肉条沙拉

Tagliata di manzo con uva e rucola

在意大利语中，塔利亚塔是"切成薄片"的意思。这是一道简单的料理，搭配了大量蔬菜。炒过的葡萄和意大利黑醋混合在一起，增强了水果的风味，也让牛肉更清爽。将这道牛肉条料理夹在面包中食用也很美味，也可以和红葡萄酒一起享用。

168

材料（2人份）

鸭胸肉……1块（300克）
食盐……适量
白胡椒……适量
无盐黄油……10克
橙子……1/2个
橙皮蜜饯（参考第138页）……适量
水芹……适量

酸橙酱

橙汁……150毫升
小牛高汤……100毫升
细砂糖……30克
红葡萄果醋……2大匙
白胡椒……少许
食盐……少许
黑胡椒……5粒

做法

1. 制作酸橙酱。将细砂糖和红葡萄果醋加入锅中，加热。当锅中果醋变成焦糖状时加入橙汁和粗磨黑胡椒，用小火煮到锅中液体剩一半的程度，然后加入小牛高汤再煮，最后加入食盐和白胡椒调味。

2. 将鸭胸肉的皮切成网格状，然后使其恢复至室温。在鸭胸肉上撒上食盐和白胡椒，将皮朝下放在煎锅中，加入无盐黄油，然后用小火慢慢煎。当鸭肉中的油煎出来时，用勺子捞起浇在鸭肉上。重复此操作。当鸭肉表面发白、鸭皮整体变成金黄色时，将其翻转并煎烤约1分钟。

3. 将步骤2的成品放在有烤网的烤盘上，让鸭皮朝上，在预热至160摄氏度的烤箱中烘烤约5分钟。

4. 从烤箱中取出鸭胸肉，用铝箔纸包好，静置约20分钟。

5. 将橙子剥去橙皮，并将其按瓣分好（参考第13页的切法）。

6. 将步骤4的成品切成薄片放入盘中，再放入酸橙酱、几块橙子、橙皮蜜饯和水芹叶，撒上粗磨的黑胡椒即可。

法国

橙汁鸭胸

Magret de canard sauce bigarade

这是一道经典的法国菜，却是水果和肉类菜肴搭配的基础料理。将橙汁煮沸制成的酸橙酱，不仅通过焦糖化的细砂糖增加了甜度，还增加了苦味和丰富的口感，而醋的酸味让肥美的鸭肉更加可口。

如果将其夹入法式面包中，就是一个非常奢华的三明治。

材料（容量为0.7升的羹模型1个）

鸡肝……400克
猪五花肉……200克
洋葱……100克
无盐黄油……10克
鸡蛋……1个
鲜奶油……50毫升
波尔图葡萄酒（红宝石）……1大匙
白兰地酒……1大匙
食盐……7克
细砂糖……一撮
白胡椒……0.5克
剥皮的糖炒栗子……10粒
无花果干……4~6个
西梅干……4~6个

做法

1. 去除鸡肝中多余的脂肪和筋，并用冷水冲洗血块和血管，然后将鸡肝放入冰水中浸泡15分钟以排出血液。

2. 将步骤1中的鸡肝用笊篱捞上来，撒上食盐（原料表外）静置一会儿，然后用厨房纸擦干水，将鸡肝放在盘中，洒上波尔图葡萄酒，在冰箱中放置3小时至一晚。

3. 将猪五花肉切成5毫米见方的块，洒上白兰地，在冰箱中放置3小时至一晚。

4. 将烤箱预热至160摄氏度。将洋葱切碎，在无盐黄油中炸至变色，然后冷却。

5. 将步骤3的成品放入食物搅拌器中，轻轻摇动，加入步骤2中一半的成品、食盐、细砂糖、白胡椒、鸡蛋和步骤4的成品，使其充分入味。最后，加入鲜奶油混合。

6. 在羹模具的内侧涂抹无盐黄油（原料表外），并铺上烤箱纸。首先，将步骤5中1/4的成品填入，然后填入步骤2剩余的一半成品，排列好，然后将去皮的栗子排成一行。

7. 然后向模具中添加步骤5中1/4的成品，并将无花果干排成一列。在旁边将剩下的鸡肝排列好，然后放入1/4的步骤5成品。在其中将西梅干排列成一排，倒入剩余的步骤5成品，并弄平表面。

8. 将模具放入热水中，倒入大量开水，然后在160摄氏度的烤箱中进行75分钟的热水煎。前45分钟要盖上盖子，之后要取下盖子。要记得测量模具的中心温度，如果未达到70摄氏度，就要再加热。

9. 将模具从烤箱中取出，在其上放重物，放入装有冰水的碗中，以散去余热。待模具散去余热后，在其上压上重物冷置一夜。

法国

肝脏水果羹

Terrine de foie de volaille aux châtaignes et fruits secs

肝脏水果羹风味浓郁，主要由鸡肝制成，鸡肝和五花肉达到了完美的平衡。糖炒栗子和果干的酸甜味会加重料理的甜味，甚至不喜欢吃鸡肝的人也会觉得好吃。尽管制作这道料理需要花费一些时间，但它在法式羹中是相对容易制备食材的，如果按照步骤操作几乎不会失败。这道水果羹搭配面包和红葡萄酒比较好。将意大利黑醋煮沸，使其变浓，然后加入食盐和少许白胡椒调味会更加美味。

材料（1只鸡的用量）

整鸡（小）……1千克
无盐黄油……30克
食盐……适量
白胡椒……少许
水芹……1把

馅料（填充物）

鸡肝……100克
洋葱……50克
大蒜……1/2个
无盐黄油……15克
法式长棍面包……25克
剥皮的糖炒栗子……50克
什锦坚果……10克
欧芹（碎末）……1大匙
食盐……少许
白胡椒……少许

做法

1. 将整只鸡放置在室温下，让其恢复至室温。

2. 将鸡肝中的脂肪去除，然后切成小块，用冷水清洗。换水3次并清除鸡肝中所有的血管凝块。将鸡肝放在加冷水的碗中，静置约30分钟。将鸡肝用笊篱捞起，并撒上食盐，用厨房纸擦干水。

3. 制作馅料。将大蒜和洋葱切碎，然后在平底锅中加无盐黄油，开火使其融化，加入大蒜、洋葱后翻炒。当洋葱变透明时，加入步骤2的成品并翻炒，然后加入食盐和白胡椒调味，再加入切成1厘米见方的法式长棍面包、去皮的栗子、切碎的什锦坚果，最后加入欧芹并混合。

4. 在鸡腹中撒上食盐和白胡椒，将步骤3中制作的馅料填入并撑开鸡皮，然后用牙签或竹串缝上切口。用丝线绑紧鸡的双脚，涂上食盐和白胡椒。

5. 在平底锅中融化无盐黄油，然后煎烤步骤4的成品。当表面呈金黄色时，就改变位置再煎烤。

6. 将煎烤好的鸡盛在盘上，放入预热至200摄氏度的烤箱中烘烤约50分钟。每隔10~15分钟从烤箱中取出烤鸡，并在表面洒上肉汁再烘烤。当肉汁变透明后，将烤鸡从烤箱中取出，让它在温暖的地方静置约30分钟。

7. 将烤好的整鸡放入盘中，添加水芹摆盘。

法国

塞入栗子和鸡肝的烤鸡

Poulet rôti farci aux châtaignes et foie de valaille

香喷喷的烤鸡是法式经典菜肴，法国人一年四季都会吃。填满烤鸡的馅料十分可口。栗子的甜味与鸡肝很契合，而吸收了肉汁的法式长棍面包则让这道料理整体十分协调。

07

水果、面包与奶酪的
趣味搭配

无花果与法式长棍面包蓝纹奶酪焗饭

成熟的无花果因其独有的浓厚口感非常适合与蓝纹奶酪搭配。在略微烘烤后切成一口大小的法式长棍面包上摆上夹着蓝纹奶酪的无花果，再一起放入烤箱。因为烘烤时加入了蜂蜜，面包、水果和奶酪的味道更加协调。这道料理不管是作为开胃菜还是饭后甜点，都不失为一个好选择。

材料（容量为1升的焗饭烤盘）

无花果※……450克

法式长棍面包……80克（约1/3根）

无盐黄油……10克

蓝纹奶酪※※……50克

蜂蜜……25克

百里香（新鲜的）……适量

※ 本次制作使用了3种无花果，分别是：桝井3个、加州黑10个、佛罗伦萨无花果3个。

※※ 本次制作使用的是带有辣味的戈贡佐拉奶酪。是与昂贝尔圆柱形奶酪或奥弗涅奶酪等口感温和的蓝纹奶酪类似的一种奶酪。

做法

1. 将法式长棍面包切成一口大小，放入烤箱中烘烤至整体变成焦黄色。

2. 在耐热器皿的内侧均匀涂上无盐黄油，将烤过的面包放在里面。

3. 将无花果的顶部切掉，从上端开始切成十字状。将切成小块的蓝纹奶酪夹入无花果的切口里，摆放在面包上。

4. 在步骤3的成品上撒上适量百里香，淋上蜂蜜，放入预热至220摄氏度的烤箱中烘烤约8分钟。

5. 将烤好的法式长棍面包和无花果一起取出，分盘摆放，最后按个人口味加入适量蜂蜜。

※ 此料理作为开胃菜时，要适量减少蜂蜜的使用量，可以加入一些生火腿（意大利熏火腿），淋上特级初榨橄榄油之后进行烘烤，这样烹饪也不错。

可以将混合着蜂蜜的无花果与浸满无花果味道的法式长棍面包同时放入勺中一起享用，亦可按照个人口味搭配香草冰激凌一起食用，更添风味。

车厘子卡芒贝尔奶酪蛋糕

白霉奶酪很容易与各式各样的水果进行搭配，新鲜的水果自不必说，
与果酱或者果干、坚果的多重组合也可以带来令人惊喜的效果。这道
料理与红葡萄酒搭配食用，十分适合成年人的聚会或生日宴会。

材料（1份用量）

卡芒贝尔奶酪※……1个（250克）

无盐黄油……20克

车厘子……15~20颗

西梅果酱（参考第20页）※※……50克

薄荷……少量

※ 也可以使用布里奶酪或库洛米埃等白霉奶酪。

※※ 也可以将果酱替换成樱桃果酱或者其他喜
欢的红色果酱。

做法

1. 将无盐黄油放置至常温状态。

2. 将卡芒贝尔奶酪横着一切为二，将步骤1中
   的无盐黄油涂在切面上。

3. 将车厘子的果柄和果核去掉。其中4颗对半
   切开做装饰用。

4. 在切开的卡芒贝尔奶酪下半片上摆上完整的
   车厘子，并在车厘子的空隙间淋上35克西
   梅果酱，然后用卡芒贝尔奶酪的上半片盖
   上，轻轻按压至上下层紧贴在一起。

5. 在卡芒贝尔奶酪的上半片涂上剩余的西梅果
   酱，并将对半切开的车厘子摆放好。最后点
   缀少量的薄荷叶。

＊ 用草莓、覆盆子、葡萄等时令水果来制作也
   未尝不可。

＊＊ 在冰箱里冷藏30分钟，定形后更方便切。

这道料理可以像蛋糕一样切开并放在面包
上一起享用。面包的话，推荐黑麦切片面
包或者乡村面包。

奶酪和水果法式陶罐菜肴

白霉奶酪与蓝纹奶酪的简单搭配，再加上蜂蜜黄油和装饰用的果实，就构成一个绝妙的组合。淋了白葡萄酒的果干变得略微湿润，与奶酪融合后，风味更甚。涂在法式长棍面包或者乡村面包上，搭配葡萄酒一起尝尝吧。

材料（容量为400毫升陶制瓦钵）

白霉奶酪
（本次使用的是布里奶酪）……300克
蓝纹奶酪
（本次使用的是昂贝尔圆柱形奶酪）……120克
无盐黄油……60克
蜂蜜……25克
果干※……50克
白葡萄酒……大汤匙2~3勺
核桃（烘烤）……适量

※ 可以使用葡萄干、无花果干、杏干、苹果干
（参考第9页）。

做法

1. 将果干切成方便入口的大小，淋上白葡萄酒，放在冰箱里腌一晚。

2. 将放至常温的无盐黄油和蜂蜜混合在一起。

3. 在陶制瓦钵底放上一半用量的白霉奶酪切片后，将步骤2一半用量的成品涂抹上去，再铺上一层蓝纹奶酪切片，并将步骤2剩余一半的成品盖在上面，最后铺上剩余的白霉奶酪。

4. 在步骤3的成品上摆上步骤1中腌渍好的果干和切碎的核桃，放入冰箱冷藏定形。

枫丹白露白奶酪和蓝莓果酱

使用法国的新鲜白奶酪与新鲜奶油制作而成的蓬松甜点，与水果搭配
使得料理的酸味和甜味达到相互平衡，风味独特。具有浓缩水果味的
果酱和新鲜水果的双重组合，十分适合和面包一起享用。本次使用脱
水酸奶代替白奶酪，是更加简便的一种做法。

材料(3~4人份)

脱水原味酸奶※……450克
鲜奶油（乳脂含量为42%）……200毫升
细砂糖……16克
蜂蜜……30克
蓝莓果酱（参考第23页）……适量
蓝莓……适量

※ 脱水原味酸奶
在原味酸奶下铺上一层厨房纸并放置漏勺，再将
其放在比漏勺小一号的碗上，包上保鲜膜并在冰
箱里放一夜，这样就可以控掉酸奶里多余的水
分。控水后，酸奶重量应为之前的一半。

做法

1. 将控水后的原味酸奶与蜂蜜混合在一起。

2. 在鲜奶油里加入细砂糖搅拌，直到奶油八
分发为止。

3. 将酸奶和奶油充分搅拌后，装入有裱花嘴
的裱花袋里。

4. 在双耳蒸锅等小型的容器中铺上一层纱布，
用步骤3的裱花袋将食材挤入容器中，然后放
入冰箱冷藏。也可以先用一个较大的容器制作
盛放，之后再分装。

5. 在成品上淋蓝莓果酱，并添加蓝莓。

※ 在容器内铺上纱布是为了吸收多余的水
分，令奶油的口感更加柔软绵密。喜欢水果
的人也可以选择使用覆盆子或者草莓等浆果
类水果，或者杏、西梅等酸甜味比较均衡的
水果来制作。

推荐和由大量黄油和鸡蛋制作的布里
欧修面包一起享用。这不仅是一道豪
华的甜点，作为周末的早餐也十分合
适。它与略微烘烤过的布里欧修面包
搭配起来很协调，和可颂面包搭配起
来也同样美味。

奶酪和水果惊喜面包

"pain surprise"在法语中的意思是"惊喜面包"。一般是将面包的中间挖出来，在空的地方做成三明治，不过本次是将面包横切开后将奶酪和水果一层一层叠放，做成蛋糕的样子。奶酪和面包的风味融为一体，产生了清新的味道。

材料（1份用量）

法式乡村面包……1个（220克）

奶油奶酪黄油※……40克

柿饼（参考第9页）……60克

什锦坚果（烘烤）……50克

西梅干……80克

※ 奶油奶酪黄油（容易制作的量）
将200克奶油奶酪和170克无盐黄油放至常温，再加上20克蜂蜜和一小撮食盐，搅拌均匀。

做法

1. 将法式乡村面包横切为4等份。

2. 从步骤1中切好的面包的底层开始，涂上1/6的奶油奶酪黄油，并将柿饼摆放在上面，然后用涂了1/6奶油奶酪黄油的切片面包夹住。从上方用手轻轻按压，使奶油奶酪黄油和柿饼融为一体。

3. 在步骤2做好的切片面包上涂1/6的奶油奶酪黄油，并将什锦坚果摆放在上面。然后再用一侧涂了1/6奶油奶酪黄油的切片面包夹住。从上方用手轻轻按压，使奶油奶酪黄油和什锦坚果融为一体。

4. 在步骤3做好的切片面包上涂1/6的奶油奶酪黄油，并将西梅干摆放在上面。用涂了剩余量的奶油奶酪黄油的切片面包夹住。为了让整体融合在一起，从上方用手轻轻按压，并用保鲜膜包裹住，放入冰箱中冷却1个小时。

5. 将成品切成容易入口的大小，根据喜好淋上适量蜂蜜（原料表外）。

可以根据喜好，自由搭配果干和坚果，也可以将果干预先用葡萄酒或朗姆酒腌渍一下。

参考文献

· 《法国料理大全》（白水舍）

· 《新拉鲁斯美食百科全书》（同朋舍）

· 《图解水果大全》（mainabi 出版）

· 《河田胜彦的法国乡间甜点》（诚文堂新光社）